平面设计师的私房菜

你无法绕开的第一本
照片调饰
实战技能宝典

张志慧　编著

U0378448

清华大学出版社
北京

内 容 简 介

本书是一本案例中穿插理论的实用型用书，全方位地讲述了照片调饰的各个功能案例。本书共分为 11 章；主要内容包括 Photoshop 中数码照片的操作基础，纠正数码相机拍摄时产生的光影错误，照片调整中的色调问题，黑白照片的调整方法，照片中的瑕疵修复，人物照片的调整与修饰，风景照片的调整与修饰，修整模糊的照片，为照片添加边框与艺术修饰，抠图换背景，照片的艺术化处理。全书涵盖了日常工作中所使用到的各个调饰功能，并涉及照片处理行业中的常见任务。

本书附赠案例的素材文件、效果文件、PPT 课件和视频教学文件，方便读者在学习的过程中利用各个文件进行练习，以便提高读者的兴趣、实际操作能力以及工作效率。

本书着重以案例形式讲解软件功能和商业应用案例，针对性和实用性较强。本书可作为各大院校、培训机构的教学用书，也可作为读者自学照片调饰及处理的参考用书。

图书在版编目（CIP）数据

你无法绕开的第一本照片调饰实战技能宝典 / 张志慧编著. —北京：清华大学出版社，2021.6
（平面设计师的私房菜）
ISBN 978-7-302-57752-2

Ⅰ. ①你… Ⅱ. ①张… Ⅲ. ①图像处理软件 Ⅳ. ①TP391.413

中国版本图书馆 CIP 数据核字（2021）第 050876 号

责任编辑：秦　甲　韩宜波
封面设计：李　坤
责任校对：周剑云
责任印制：杨　艳

出版发行：清华大学出版社
　　　　　网　　　址：http://www.tup.com.cn，http://www.wqbook.com
　　　　　地　　　址：北京清华大学学研大厦 A 座　　　　　　邮　　编：100084
　　　　　社 总 机：010-62770175　　　　　　　　　　　　邮　　购：010-62786544
　　　　　投稿与读者服务：010-62776969，c-service@tup.tsinghua.edu.cn
　　　　　质 量 反 馈：010-62772015，zhiliang@tup.tsinghua.edu.cn
印 装 者：小森印刷（北京）有限公司
经　　销：全国新华书店
开　　本：185mm×260mm　　　　　印　　张：18.5　　　　字　　数：445 千字
版　　次：2021 年 7 月第 1 版　　　印　　次：2021 年 7 月第 1 次印刷
定　　价：99.00 元

产品编号：047400-01

前　言

当您正徘徊在如何快速又简单地学习照片调饰时，那么恭喜您翻开这本书！您找对了！如今市场上有大量关于照片调饰及处理的书籍，其中要么是纯理论型的图书，要么是单纯案例型的图书。

本系列图书开发的初衷是兼顾理论与实践，所以在内容上通过案例的形式来展现每章的知识点，在讲解案例实战的同时，将操作软件的知识点安排在实战中，让读者能够真正做到学习案例的同时掌握照片调饰软件的知识。本书针对初学者，内容既能兼顾照片调饰软件的基础知识，又是以案例的形式展现实例思路、实例要点、技巧和提示等，从而大大地丰富了一个案例的知识功能和操作技巧。

照片调饰最常用的软件是 Photoshop（简称 PS），是由 Adobe Systems 开发和发行的图像处理软件。Photoshop 作为 Adobe 公司旗下最著名的图像处理软件，其应用范围覆盖整个图像处理和平面设计行业中，在照片的调饰及处理方面有着非常强大的功能。

随着科技的进步，手机在当前已经成为不可缺少的一种附属工具，照相功能也是手机不可缺少的一项重要组成部分，谁都会用手机拍照，但是，想要把照片拍好却不是一件容易的事，如果您想把照片都调成自己喜欢的类型，那么 Photoshop 就是最好的可借助软件之一。本着对读者负责的精神，我们反复考察用户的需求，特意推出本书，本书的最大优点就是突破 Photoshop 版本限制，将理论与实战相互融合，对于计算机中无论安装的是老版本还是新版本 Photoshop 的读者而言，完全不会受到软件上的限制。跟随本书的讲解大家可以非常轻松地实现举一反三，从而以最快的速度把您带到照片调饰的奇妙世界。

本书的作者有着多年的丰富教学经验与实际工作经验，在编写本书时最希望能够将自己实际授课和作品设计过程中积累下来的宝贵经验与技巧提供给读者，希望读者能够在体会 Photoshop 软件在照片调饰方面强大功能的同时，把各个主要功能的使用和创意设计应用到自己的作品中。

本书特点

本书内容由浅入深，每一章的内容都丰富多彩，力争运用大量的实例涵盖照片调饰中的各个知识点。

本书具有以下特点：

● 内容全面，几乎涵盖了照片调饰中所有的知识点。本书由具有丰富教学经验的设计师编写，从平面设计的一般流程入手，逐步引导读者学习照片调饰和照片处理作品的各种技能。

● 语言通俗易懂，前后呼应，以最小的篇幅、最易读懂的语言来讲解每一个案例，案例中穿插的功能技巧，让您学习起来更加轻松，阅读更加容易。

● 书中把许多的重要工具、重要命令都精心地放置到与之相对应的案例中，让您在不知不觉中学习到案例的制作方法和软件的操作技巧。

● 注重技巧的归纳和总结。使读者更容易理解和掌握，从而方便知识点的记忆，进而能够举一反三。

● 全视频教学，学习轻松方便，使读者像看电影一样学习其中的知识点。本书配有所有案例的多媒体视频教程、案例最终源文件、素材文件、教学 PPT 和课后习题。

本书内容安排

第 1 章为 Photoshop 中数码照片的操作基础。主要讲述数码照片在 Photoshop 中的基础操作，主要包括新建文档、打开文档、照片的尺寸及分辨率调整、裁剪照片操作、照片的旋转与变换操作等内容。

第 2 章为纠正数码相机拍摄时产生的光影错误。主要处理拍照时由于操作不当而产生不尽人意的照片。

第 3 章为照片调整中的色调问题。主要讲述照片偏色问题，以及颜色鲜艳度、层次感不太分明等问题。

第 4 章为黑白照片的调整方法。主要讲述对黑白照片的处理方法和技巧，同时对黑白照片和彩色照片的转换方法进行相应的讲解。

第 5 章为照片中的瑕疵修复。主要讲述除了可以处理画面中的杂物外，还可以消除照片中的污渍、老照片的划痕、照片中存在的日期等，以使图像更加完美。

第 6 章为人物照片的调整与修饰。主要讲述针对人物主题照片展开的调整与修饰。

第 7 章为风景照片的调整与修饰。主要讲述针对风景主题照片展开的调整与修饰。

第 8 章为修整模糊的照片。主要讲述将模糊感的照片变得清晰的方法和技巧。

第 9 章为照片添加边框与艺术修饰。主要向读者介绍如何为数码照片添加边框与艺术修饰效果。

第 10 章为抠图换背景。主要讲述为不同照片进行替换背景的方法技巧。

第 11 章为照片的艺术化处理。主要讲解将人像变为素描、朦胧感觉、多彩焗油、合成照片等效果的方法技巧。

本书读者对象

本书主要面向初、中级读者。对于软件每个功能的讲解都安排到案例当中，初学者无须参照其他书籍即可轻松入门，有基础的读者可以从中快速了解 Photoshop 的各种功能和知识点，自如地踏上新的台阶。

　　本书由淄博职业学院的张志慧编著，其他参与书中内容整理的人员有王红蕾、时延辉、吴国新、刘绍婕、沈桂军、张文超、金洪宇、杨晓宇、张朝君、刘丹、田秀云、王威、王凤展、王建红、官洪、曹培强、曹培军等，在此表示感谢。

　　本书提供了实例的素材、源文件和视频文件，以及 PPT 课件，扫一扫下面的二维码，推送到自己的邮箱后下载获取。

　　由于作者水平有限，书中难免有疏漏和不妥之处，恳请广大读者批评、指正。

编　者

目　录
contents

第 1 章

Photoshop 中数码照片的操作基础

本章将介绍应用 Photoshop 对数码照片进行基础操作，主要包括新建文档、打开文档、照片的尺寸及分辨率调整、裁剪照片操作、照片的旋转与变换操作等内容。通过本章的学习，读者可以快速掌握应用 Photoshop 对数码照片进行基础操作的方法和技巧。

本章内容

▶ 新建文档
▶ 打开文档
▶ 缩放置入的图像
▶ 横躺照片变直幅
▶ 改变照片分辨率
▶ 通过改变画布大小添加照片边框

▶ 自动裁剪多张照片
▶ 校正倾斜照片
▶ 将多个照片裁剪成统一大小
▶ 裁剪固定大小的照片
▶ 使用透视裁剪工具校正透视图像
▶ Photoshop 中照片编修流程表

实例 1　新建文档

实例思路 -

无论使用哪个照片处理软件，都要掌握文档新建的方法。

- -

实例要点 -

▶ "新建"命令的使用

- -

操作步骤 -

步骤01 新建文件可以执行菜单栏中的"文件 | 新建"命令或按 **Ctrl+N** 组合键，弹出如图 1-1 所示的"新建"对话框。

单击该按钮可以打开或折叠高级设置

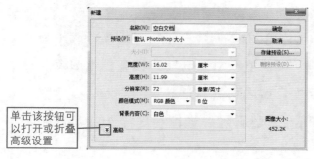

图 1-1

其中的各项含义如下：

- 名称：用于设置新建文件的名称。
- 预设：在该下拉列表中包含软件预设的一些文件大小，例如照片、Web 等。
- 大小：在"预设"选项中选择相应的预设后，可以在"大小"选项中设置相应的大小。
- 宽度/高度：新建文档的宽度与高度。单位包括：像素、英寸、厘米、毫米、点、派卡和列。
- 分辨率：用来设置新建文档的分辨率。单位包括："像素/英寸"和"像素/厘米"。
- 颜色模式：用来选择新建文档的颜色模式。包括：位图、灰度、RGB 颜色、CMYK 颜色和 Lab 颜色。定位深度包括：1 位、8 位、16 位和 32 位。主要用于设置可使用颜色的最大数值。
- 背景内容：用来设置新建文档的背景颜色。包括：白色、背景色（创建文档后工具箱中的背景颜色）和透明。
- 颜色配置文件：用来设置新建文档的颜色配置。
- 像素长宽比：设置新建文档的长宽比例。
- 存储预设：用于将新建文档的尺寸保存到预设中。
- 删除预设：用于将保存到预设中的尺寸删除（该选项只对自定储存的预设起作用）。

步骤 02 设置完成单击"确定"按钮，即可新建空白文档，如图 1-2 所示。

> 技巧：在打开的软件中，按住 Ctrl 键双击工作界面
> 中的空白处同样可以弹出"新建"对话框，
> 设置完成后单击"确定"按钮即可新建一个
> 空白文档。

图 1-2

实例 2 打开文档

实例思路

对于相机拍摄的照片，如果想对其进行相应的调整，将其打开是必不可少的一项内容，本例是通过"打开"命令打开如图 1-3 所示的照片效果。

图 1-3

实例要点

▸ "打开"命令的使用

操作步骤

步骤 01 执行菜单栏中的"文件 | 打开"命令或按 Ctrl+O 组合键，系统会弹出"打开"对话框，在对话框中可以选择需要打开的图像素材，这里我们找到"素材 \ 第 1 章 \ 运动照片 .bmp"素材，如图 1-4 所示。

其中的各项含义如下：

- 查找范围：在下拉列表中可以选择需要打开的文件所在的文件夹。
- 文件名：当前选择准备打开的文件。
- 文件类型：在下拉列表中可以选择需

图 1-4

要打开的文件类型。

步骤 02 选择"运动照片"素材后，单击"打开"按钮，将选择的照片在 Photoshop 中打开，如图 1-5 所示。

图 1-5

其中的各项含义如下：

● 标题栏：位于整个窗口的顶端，显示了当前应用程序的名称，以及用于控制文件窗口显示大小的窗口最小化、窗口最大化（还原窗口）、关闭窗口等几个快捷按钮。在 Photoshop CC 中标题栏与菜单栏在同一行中。

● 菜单栏：Photoshop CC 的菜单栏由"文件""编辑""图像""图层""类型""选择""滤镜""3D""视图""窗口"和"帮助"共 11 类菜单组成，包含了操作时要使用的所有命令。要使用菜单中的命令，只需将鼠标光标指向菜单中的某项并单击，此时将显示相应的下拉菜单，在下拉菜单中上下移动鼠标进行选择，然后再单击要使用的菜单选项，即可执行此命令。如图 1-6 所示是执行"图像 | 图像旋转 |90 度（顺时针）"菜单命令流程图。

图 1-6

> **技巧：** 如果菜单中的命令呈现灰色，则表示该命令在当前编辑状态下不可用；如果在菜单右侧有一个三角符号 ▶，则表示此菜单包含有子菜单，只要将鼠标移动到该菜单上，即可打开其子菜单；如果在菜单右侧有省略号…，则执行此菜单项目时将会弹出与之有关的对话框。

- 工具箱：Photoshop 的工具箱位于工作界面的左边，所有工具全部放置到工具箱中；如果要使用工具箱中的工具，只要单击该工具图标即可在文件中使用；如果该图标中还有其他工具，单击鼠标右键即可弹出隐藏工具栏，选择其中的工具即可使用，如图 1-7 所示是 Photoshop 的工具箱（此工具箱为 CC 版本的）。

> 技巧：Photoshop 从 CS3 版本后，只要在工具箱顶部单击三角形转换符号，就可以将工具箱的形状在单长条和短双条之间变换，如图 1-8 所示。

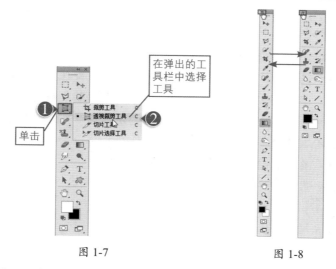

图 1-7　　　　　　　　　　　　　图 1-8

- 属性栏（选项栏）：Photoshop 的属性栏提供了控制工具属性的选项，其显示内容根据所选工具的不同而发生变化，选择相应的工具后，Photoshop 的属性栏将显示该工具可使用的功能和可进行的编辑操作等，属性栏一般被固定放置在菜单栏的下方。如图 1-9 所示是在工具箱中单击▣（矩形选框工具）后显示的属性栏。

图 1-9

- 工作区域：是进行绘图、处理图像的工作区域。用户还可以根据需要执行"视图|显示"命令中的适当选项来控制工作区内的显示内容。
- 面板组：是放置面板的地方，根据设置工作区的不同会显示与该工作相关的面板，如"图层"面板、"通道"面板、"路径"面板、"样式"面板和"颜色"面板等，总是浮动在窗口的上方，用户可以随时切换以访问不同的面板内容。
- 工作窗口：可以显示当前图像的文件名、颜色模式和显示比例的信息。
- 状态栏：在图像窗口的底部，用来显示当前打开文件的一些信息，单击三角符号打开子菜单，即可显示状态栏包含的所有可显示选项，如图 1-10 所示。

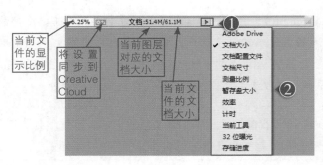

图 1-10

其中的各项含义如下：

◆ Adobe Drive：用来连接 Version Cue 服务器中的 Version Cue 项目，可以让设计人员合作处理公共文件，从而让设计人员轻松地跟踪或处理多个版本的文件。

◆ 文档大小：在图像所占空间中显示当前所编辑图像的文档大小。

◆ 文档配置文件：在图像所占空间中显示当前所编辑图像的图像模式，如 RGB 颜色、灰度、CMYK 颜色等。

◆ 文档尺寸：显示当前所编辑图像的尺寸大小。

◆ 测量比例：显示当前进行测量时的比例尺。

◆ 暂存盘大小：显示当前所编辑图像占用暂存盘的大小情况。

◆ 效率：显示当前所编辑图像操作的效率。

◆ 计时：显示当前所编辑图像操作所用的时间。

◆ 当前工具：显示当前进行编辑图像时用到的工具名称。

◆ 32 位曝光：编辑图像曝光只在 32 位图像中起作用。

◆ 存储进度：用来显示后台存储文件时的时间进度。

> **技巧**：在打开的软件中，双击工作界面中的空白处同样可以弹出"打开"对话框，选择需要的图像文件，单击"确定"按钮即可将该文件在 Photoshop 中打开。

 实例 3　缩放置入的图像

（**实例思路**）- -

学会新建文件、置入文件、保存文件、关闭文件等这些基础知识和图像处理步骤，是对于 Photoshop 的基础操作部分的一个初步了解，处理流程如图 1-11 所示。

图 1-11

实例要点

▶▶ "新建""置入"和"保存"命令的使用

▶▶ "缩放"图像

▶▶ 填充前景色

操作步骤

步骤01 执行菜单栏中的"文件|新建"命令或按Ctrl+N组合键,打开"新建"对话框,将其命名为"新建文件",设置文件的"宽度"为600像素,"高度"为600像素,"分辨率"为300像素/英寸,在"颜色模式"中选择"RGB颜色",选择"背景内容"为"白色",如图1-12所示。

步骤02 设置完成单击"确定"按钮,系统会新建一个白色背景的空白文件,如图1-13所示。

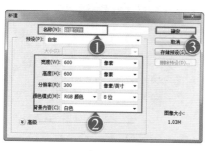

图 1-12

图 1-13

步骤03 执行菜单栏中的"文件|置入"命令,打开"置入"对话框,选择"素材\第1章\足球.jpg"素材,如图1-14所示。

步骤04 单击"置入"按钮,选择的"足球"照片会被置入到新建文件中,被置入的图像可以通过拖动控制点,将其进行放大或者缩小,按住Shift+Alt组合键拖动控制点将图像按中心位置进行等比例缩小,如图1-15所示。

图 1-14　　　　　　　　　　　　图 1-15

> **技巧**：按住 Shift 键拖动控制点，将会等比例缩放对象；按住 Shift+Alt 组合键拖动控制
> 点，将会从变换中心点开始等比例缩放对象。

步骤05 按 Enter 键，确认对图像的变换操作。在"图层"面板中选中"背景"图层，在工具箱中单击"前景色"或"背景色"图标时，会弹出如图 1-16 所示的"拾色器"对话框，选取相应的颜色或者在颜色参数设置区设置相应的颜色参数，例如 RGB、CMYK 等处输入颜色信息数值。设置完成单击"确定"按钮，即可完成对"前景色"或"背景色"的设置。

图 1-16

步骤06 按 Alt+Delete 组合键填充前景色，效果如图 1-17 所示。

> **技巧**：按 Alt+Delete 组合键可以
> 快速填充"前景色"，按
> Ctrl+Delete 组合键可以快
> 速填充"背景色"。

图 1-17

> **技巧**：在 Photoshop CC 中可以通过"置入"命令将其他格式的图片导入到当前文档中，
> 在图层中会自动以智能对象的形式进行显示。

步骤07 执行菜单栏中的"文件 | 存储为"命令，弹出"另存为"对话框，选择好文件存储的位置，设置"文件名"为"实例 3 缩放置入的图像"，在"保存类型"中选择需要存储的文件格式（这里选择的格式为 PSD 格式），如图 1-18 所示。设置完成后单击"保存"按钮，文件即保存。

其中的各项含义如下：

● **保存在**：在下拉列表中可以选择需要储存的文件所在的文件夹。

- 文件名：用来为储存的文件进行命名。
- 保存类型：选择要储存的文件格式。
- 存储：用来设置要储存文件时的一些特定设置。
  - ◆ 作为副本：可以将当前的文件储存为一个副本，当前文件仍处于打开状态。
  - ◆ Alpha 通道：可以将文件中的 Alpha 通道进行保存。
  - ◆ 图层：可以将文件中存在的图层进行保存，该选项只有在储存的格式与图像中存在图层才会被激活。
  - ◆ 注释：可以将文件中的文字或语音附注进行储存。
  - ◆ 专色：可以将文件中的专色通道进行储存。
- 颜色：用来对储存文件时的颜色设置。
  - ◆ 使用校样设置：当前文件如果储存为 PSD 或 PDF 格式时，此复选框才处于激活状态。选中此复选框，可以保存打印用到的校样设置。
  - ◆ ICC 配置文件：可以保存嵌入文档中的颜色信息。
- 缩览图：选中该复选框，可以为当前储存的文件创建缩览图。

步骤08 执行菜单栏中的"文件 | 关闭"命令或按 Ctrl+W 组合键可以将当前编辑的文件关闭，当对文件进行了改动后，系统会弹出如图 1-19 所示的警告对话框。

图 1-18   图 1-19

其中的各项含义如下：
- 是：单击此按钮，可以对修改的文件进行保存后关闭。
- 否：单击此按钮，可以关闭文件不对修改进行保存。
- 取消：单击此按钮，可以取消当前关闭命令。

实例 4　横躺照片变直幅

（实例思路）

当我们使用数码相机拍摄照片时，由于相机没有自动转正功能，会使输入到电脑中的照片由直幅变为横躺效果，此时将其直接上传到网店中会使商品看起来很不舒服，还会使商品的成交率大大下降。此时可以利用 Photoshop 即可快速将横幅的照片转换成直幅效果，操作流程如图 1-20 所示。

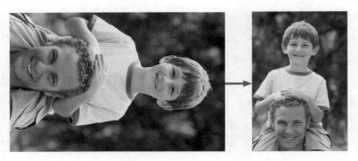

图 1-20

（实例要点）

▶▶ "旋转"命令的使用

（操作步骤）

步骤01 启动 Photoshop 软件，执行菜单栏中的"文件 | 打开"命令或按 Ctrl+O 组合键，打开随书附带的"素材 \ 第 1 章 \ 横躺照片 .jpg"素材，如图 1-21 所示。

步骤02 执行菜单栏中的"图像 | 图像旋转"命令，在子菜单中便可以通过相应命令来对其进行更改，如图 1-22 所示。

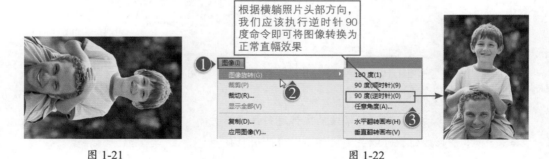

图 1-21　　　　　　　　　　　　　　　　　　　　　图 1-22

提示：现在一般的相机都有自动转正功能，启动该功能，就不必再使用 Photoshop 进行旋转。但缺点是相机预览图像时图像较小，只显示相机屏幕的中间部分。

提示：在 Photoshop 中使用"变换"命令对图像进行旋转时，图像的最后显示高度只能是原图横躺的高度，超出的范围将不会被显示，如图 1-23 所示。

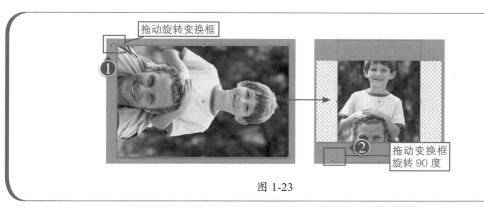

拖动旋转变换框

拖动变换框
旋转 90 度

图 1-23

步骤 03 执行菜单栏中的"文件 | 存储为"命令，将素材存储为一个副本，此时在"文件夹"中可以看到调整后的效果，如图 1-24 所示。

图 1-24

实例 5 改变照片分辨率

实例思路

使用"图像大小"命令可以调整图像的像素大小、文档大小和分辨率。本例教大家了解在"图像大小"中改变图像分辨率的方法，效果对比如图 1-25 所示。

图 1-25

实例要点

▶ "图像大小"对话框

操作步骤 --

步骤01 执行菜单栏中的"文件|打开"命令或按Ctrl+O组合键,打开随书附带的"素材\第1章\儿童照片.jpg"素材,如图1-26所示。

步骤02 执行菜单栏中的"图像|图像大小"命令,打开"图像大小"对话框,将"分辨率"设置为300,如图1-27所示。

图 1-26

图 1-27

其中的各项含义如下:

● 图像大小:用来显示图像像素的大小。

● 尺寸:选择尺寸显示单位。

● 调整为:在下拉列表中可以选择设置的方式。选择"自定"后,可以重新定义图像像素的"宽度"和"高度",单位包括像素和百分比。更改像素尺寸不仅会影响屏幕上显示图像的大小,还会影响图像品质、打印尺寸和分辨率。

● 约束比例:对图像的长宽可以进行等比例调整。

● 重新采样:在调整图像大小的过程中,系统会将原图的像素颜色按一定的内插方式重新分配给新像素。在下拉列表中可以选择进行内插的方法,包括:邻近、两次线性、两次立方、两次立方较平滑和两次立方较锐利。

　　◆ 自动:按照图像的特点,在放大或是缩小时系统自动进行处理。

　　◆ 保留细节:在图像放大时可以将图像中的细节部分进行保留。

　　◆ 邻近:不精确的内插方式,以直接舍弃或复制邻近像素的方法来增加或减少像素,此运算方式最快,会产生锯齿效果。

　　◆ 两次线性:取上下左右4个像素的平均值来增加或减少像素,品质介于邻近和两次立方之间。

　　◆ 两次立方:取周围8个像素的加权平均值来增加或减少像素,由于参与运算的像素较多,运算速度较慢,但是色彩的连续性最好。

　　◆ 两次立方较平滑:运算方法与两次立方相同,但是色彩连续性会增强,适合增加像素时使用。

◆ 两次立方较锐利：运算方法与两次立方相同，但是色彩连续性会降低，适合减少像素时使用。

● 减少杂色：实际是将图像以模糊的形式来去除图像中的噪点，如果设置参数过大，图像就会出现模糊。并不是说减少杂色就是一点杂色也没有了，只是控制在允许的范围内。

> 提示：在调整图像大小时，位图图像与矢量图像会产生不同的结果：位图图像与分辨率有关，因此，更改位图图像的像素尺寸可能导致图像品质和锐化程度损失；相反，矢量图像与分辨率无关，可以随意调整其大小而不会影响边缘的平滑度。

> 技巧：在"图像大小"对话框中，更改"像素大小"时，"文档大小"会跟随改变，"分辨率"不发生变化；更改"文档大小"时，"像素大小"会跟随改变，"分辨率"不发生变化；更改"分辨率"时，"像素大小"会跟随改变，"文档大小"不发生变化。

> 技巧：像素大小、文档大小和分辨率三者之间的关系可用如下的公式来表示：像素大小 / 分辨率＝文档大小。

> 技巧：如果想把之前的小图像变大，最好不要直接调整为最终大小，这样会将图像的细节大量的丢失，我们可以把小图像一点一点地往大调整，这样可以将图像的细节少丢失一点。

> 技巧：更改图像的分辨率，可以直接影响到图像的显示效果，增加分辨率时，会自动加大图像的像素；缩小分辨率时，会自动减少图像的像素。更改分辨率的方法非常简单，只要在"图像大小"对话框中的"分辨率"文本框处直接输入要改变的数值即可改变当前图像的分辨率。

图 1-28

03 设置完成单击"确定"按钮，分辨率调整为 300 像素 / 英寸的效果如图 1-28 所示。

实例 6　通过改变画布大小添加照片边框

实例思路

打开的素材图像不但可以通过"描边"命令来制作边框，还可以应用"画布大小"来为图像添加单色边框。本例教大家学习如何改变画布大小，操作流程如图 1-29 所示。

图 1-29

(实例要点)

▶▶ "打开"命令的使用　　　　　　　　　　▶ 设置画布的边框颜色

▶▶ "画布大小"命令的使用

(操作步骤)

步骤①执行菜单栏中的"文件|打开"命令，打开随书附带的"素材\第1章\儿童照片02.jpg"文件，如图 1-30 所示。

步骤②执行菜单栏中的"图像 | 画布大小"命令，打开"画布大小"对话框，选中"相对"复选框，设置"宽度"和"高度"均为"15 像素"，如图 1-31 所示。

图 1-30

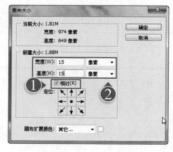

图 1-31

其中的各项含义如下：

● 当前大小：指的是当前打开图像的实际大小。

● 新建大小：用来对画布进行重新定义大小的区域。

◆ 宽度或高度：用来扩展或缩小当前文件尺寸。

◆ 相对：选中该复选框，输入"宽度"和"高度"的数值将不再代表图像的大小，而表示图像被增加或减少的区域大小。输入的数值为正值，表示要增加区域的大小；输入的数值为负值，表示要裁剪区域的大小。

> **技巧**：在"画布大小"对话框中，选中"相对"复选框，设置"宽度和高度"为正值时，图像会在周围显示扩展的像素；为负值时图像会被缩小。

◆ 定位：用来设定当前图像在增加或减少图像时的位置。

◆ 画布扩展颜色：用来设置当前图像增大空间的颜色，可以在下拉列表中选择系统预设颜色，也可以通过单击后面的颜色图标，打开"拾色器"对话框并在其中选择自己喜欢的颜色。

步骤 03 单击"画布扩展颜色"后面的色块，弹出"拾色器"对话框，将鼠标指针移至素材中颜色最深的边缘位置处单击，以此来吸取颜色，如图 1-32 所示。

步骤 04 通常在设置边框颜色时，要将边框颜色设置的比图像中最深的颜色还要再深一些，这里我们将颜色设置为（R: 83、G: 63、B: 53），如图 1-33 所示。

图 1-32   图 1-33

步骤 05 设置完成后单击"确定"按钮，返回"画布大小"对话框，再单击"确定"按钮，完成画布大小的调整，效果如图 1-34 所示。

步骤 06 再次执行菜单栏中的"图像|画布大小"命令，打开"画布大小"对话框，选中"相对"复选框，设置"宽度"和"高度"均为"10 像素"，将"画布扩展颜色"设置为"黑色"，如图 1-35 所示。

步骤 07 设置完成单击"确定"按钮，至此本例制作完成，效果如图 1-36 所示。

图 1-34   图 1-35   图 1-36

> **技巧**：在实际操作中画布指的是实际打印的工作区域，改变画布大小直接会影响最终的输出与打印。

实例 7　自动裁剪多张照片

实例思路 --

　　在计算机中使用扫描设备对照片进行扫描时，有时会将多个照片一同放置到扫描仪中进行扫描输入。本例教大家学习如何使用 Photoshop 对合体照片进行单张裁剪。

实例要点 --

▶▶ "裁剪并修齐照片"命令

操作步骤 --

步骤01 执行菜单栏中的"文件|打开"命令或按 Ctrl+O 组合键，打开随书附带的"素材\第 1 章\合体照片 .jpg"素材，如图 1-37 所示。

步骤02 执行菜单栏中的"文件 | 自动 | 裁剪并修齐照片"命令，如图 1-38 所示。

 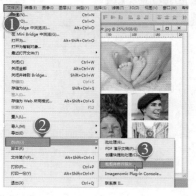

图 1-37　　　　　　　　　　　　　　　　　图 1-38

步骤03 执行"裁剪并修齐照片"命令后，合在一起的照片会被自动拆分并裁剪，效果如图 1-39 所示。

图 1-39

技巧：如果只想对合体照片中的一个进行裁剪，其他的不要，只需在扫描的照片内创建一个选区，再执行菜单栏中的"文件|自动|裁剪并修齐照片"命令，即可只裁剪选区内的照片，如图 1-40 所示。

图 1-40

实例 8 校正倾斜照片

实例思路

大家在拍照时都出现过将所拍实物角度拍歪的时候，要想避免该问题的出现，就得在拍照时摆正相机的角度，如果已经拍摄完成的相片出现歪斜，我们就得对其进行调整，当之无愧的调整载体就是 Photoshop，下面我们就使用 Photoshop 对拍摄失败的相片进行调整，从而使相片看起来更加顺眼，本例的操作流程如图 1-41 所示。

图 1-41

实例要点

▶ "标尺工具"拉直倾斜照片　　　　　▶ "裁剪工具"裁剪照片

操作步骤

步骤01 执行菜单栏中的"文件|打开"命令或按Ctrl+O组合键，打开随书附带的"素材\第1章\倾

斜照片 .jpg"素材，如图 1-42 所示。此照片在预览时看起来总是觉得怪怪的，好像照片中的人物头朝下在一个斜坡上躺着，下面我们将其旋转过来。

步骤 02 在工具箱中选择▭（标尺工具），在人物躺着的大树与地面接触的线条上拖动鼠标绘制出标尺线，如图 1-43 所示。

步骤 03 在属性栏中单击"拉直图层"按钮，即可将倾斜的照片校正成正常效果，如图 1-44 所示。

图 1-42

图 1-43

图 1-44

步骤 04 使用▣（裁剪工具），在图像上拖动裁剪框到合适的位置，如图 1-45 所示。

图 1-45

其中的各项含义如下：

- **大小**：用来设置裁切后图像的大小或比例。

- **清除**：单击该按钮可以将文本框中的长、宽与分辨率清除或将设置的比例清除。

- **拉直**：通过上面绘制的线段校正倾斜照片。

- **叠加选项**：能够对要裁剪的图像进行更加细致的划分，如图 1-46 所示。

- **视图选项**：选择不同的选项，可以在图像中按照不同视图模式进行显示。

图 1-46

  ◆ **自动显示叠加**：选择该选项时，视图选项只能在移动裁剪框时才能显示。

  ◆ **总是显示叠加**：会在裁剪框中总是显示视图选项。

◆ 从不显示叠加：只显示一个裁剪框，其他效果不显示。

◆ 循环切换叠加：按顺序显示叠加视图选项。

◆ 循环切换取向：该选项只有选择"三角形"和"金色螺线"时才能被激活，该命令可以改变叠加视图方向。

● 设置：用来设置对裁剪图像的控制方式。

● 网格控制：使用网格控制裁剪区域。

● 自动对齐中心：自动将被裁剪图像对齐到工作窗口的中心。

● 显示裁剪区域：用来控制被裁掉图像边缘的显示与否，选中该选项，能够看到整个图像，不选中只能看到最终保留的区域。

● 启用裁切保护：遮蔽裁剪区域。

● 颜色：用来设置裁剪区域的显示颜色或原画布。

● 不透明度：用来设置裁剪区域遮蔽颜色的透明程度。

● 自动调整不透明度：鼠标拖动图像时自动调整不透明度。

● 删除裁剪的像素：用来控制第二次裁剪图像的显示范围，不选中该复选框时，在第二次裁切时还是会显示打开原图的大小；选中时只能显示之前裁剪的图像范围。

● 恢复：单击该按钮可以将本次裁剪效果复原。

步骤 05 调整完成按Enter键，完成对照片的裁剪，效果如图1-47所示。　　　　　　图 1-47

技巧：对倾斜照片的处理，在 Photoshop CC 中可以直接使用 ▣（裁剪工具）进行裁剪，在 ▣（裁剪工具）属性栏中直接单击"拉直"按钮，然后在人物躺着的大树与地面接触的线条上拖动鼠标绘制出线段，释放鼠标后，系统会自动将照片进行校正，并在照片中创建最大范围的裁剪框，按回车键即可完成校正，如图1-48所示。

图 1-48

实例 9　将多个照片裁剪成统一大小

实例思路

在 Photoshop 中能够将照片进行快速裁切的工具只有 ▣（裁剪工具），使用 ▣（裁剪工具）

可以剪切图像，并可以重新设置照片的大小和分辨率，该工具的使用方法非常简单，只要在图像中按住鼠标拖动，释放鼠标后按 Enter 键即可完成对照片的裁切，操作流程如图 1-49 所示。

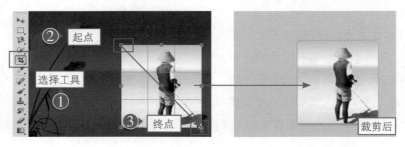

图 1-49

实例要点

▶ "打开"命令的使用　　　　　　▶ "裁剪工具"的使用

操作步骤

步骤 01 执行菜单栏中的"文件 | 打开"命令或按 Ctrl+O 组合键，打开随书附带的"素材 \ 第 1 章 \ 照片 01.jpg、照片 02.jpg、照片 03.jpg"素材，如图 1-50 所示。

图 1-50

步骤 02 为了方便本次操作，我们使用"照片 01"素材进行讲解，打开素材后，在工具箱中选择 （裁剪工具），在属性栏中选择"宽 × 高 × 分辨率"并设置"宽度"为"5 厘米"，"高度"为"7 厘米"，"分辨率"为"300 像素 / 厘米"，如图 1-51 所示。

图 1-51

步骤 03 工具属性设置完成后，使用鼠标在图像中选择裁切的起始点，在图像中按住鼠标拖动，释放鼠标的位置即是裁剪框的终点，如图 1-52 所示。

图 1-52

> 提示：使用 🔲（裁剪工具）裁剪图像时，设置属性"宽度"与"高度"后，在图像中
> 无论创建的裁剪框是多大，裁剪后的最终图像大小是一致的。设置属性后可以
> 应用到所有打开的图像中。

步骤 04 创建完成后按 Enter 键完成裁切，效果如图 1-53 所示，在另外两张素材中拖动创建裁
剪框并裁剪图像，效果如图 1-54 所示。

 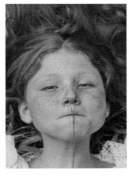

图 1-53 图 1-54

步骤 05 执行菜单栏中的"图像 | 图像大小"
命令，打开"图像大小"对话框，在其中
可以看到裁剪后图像的大小和分辨率，如
图 1-55 所示。

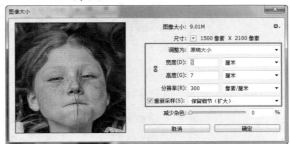

图 1-55

实例 10　裁剪固定大小的照片

实例思路

拍摄照片时，相片一般以 3：2、6：4 等常见比例显示，也有部分支持 16：9 或 16：10 的
比例，在显示器上可以显示任何比例的照片，但是要想将其转换成照片并输出的话，就要设置
为符合冲印的大小，裁剪照片的流程如图 1-56 所示。

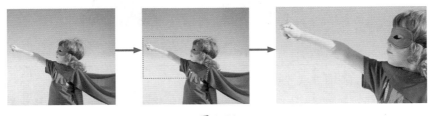

图 1-56

实例要点 ---

▶▶ "打开"素材   ▶▶ "裁剪"命令的使用

▶▶ "矩形选框工具"的使用   ▶▶ "裁切"命令的使用

操作步骤 ---

步骤01 执行菜单栏中的"文件|打开"命令或按Ctrl+O组合键,打开随书附带的"素材\第1章\儿童照片03.jpg"素材,如图1-57所示。

步骤02 执行菜单栏中的"图像|图像大小"命令,打开"图像大小"对话框,此时可以从对话框中看出照片并非是标准尺寸,如图1-58所示。

图 1-57　　　　　　　　　　　　　　　　　图 1-58

步骤03 下面将其裁剪成符合相片冲印的大小。在工具箱中选择[□](矩形选框工具),在属性栏中选择"样式"为"固定大小",设置"宽度"为6英寸、"高度"为4英寸,如图1-59所示。

图 1-59

步骤04 设置完成后使用鼠标在素材上单击,即可创建选区,并将选区移动到合适位置,如图1-60所示。

图 1-60

> **技巧:** 创建选区后,只要在属性栏中单击[□](新选区)按钮,就可以使用鼠标随意移动选区位置了;按键盘上的方向键同样可以移动选区位置;使用[▶+](移动工具)移动选区时会将选区内的图像进行移动。

步骤 05 执行菜单栏中的"图像|裁剪"命令,按 Ctrl+D 组合键去掉选区,裁剪后的照片如图 1-61 所示。

> 技巧:应用"裁剪"命令时,即使图像中不是矩形选区,被裁剪的图像依旧会以矩形的选区进行剪切,裁剪后的图像以选区的最高与最宽部位为参考点。

步骤 06 在菜单栏中执行"图像|图像大小"命令,打开"图像大小"对话框,此时该照片已经被裁剪成可冲印的大小了,如图 1-62 所示。

图 1-61 图 1-62

> 技巧:使用"裁切"命令同样可以对图像进行裁剪,裁切时,先要确定要删除的像素区域(如透明色或边缘像素颜色),然后将图像中的像素颜色与处于水平或垂直的像素颜色进行比较,再将其进行裁切删除。执行菜单栏中的"图像|裁切"命令,打开如图 1-63 所示的"裁切"对话框。
>
>
>
> 图 1-63

其中的各项含义如下:

● 基于:用来设置要裁切的像素颜色。

◆ 透明像素:表示删除图像透明像素,该选项只有图像中存在透明区域时才会被激活,裁切透明像素的效果对比如图 1-64 所示。

图 1-64

◆ 左上角像素颜色:表示删除图像中与左上角像素颜色相同的图像边缘区域。

◆ 右下角像素颜色:表示删除图像中与右下角像素颜色相同的图像边缘区域。裁切右下角像素颜色的效果对比如图 1-65 所示。

图 1-65

◆ 裁切掉：用来设置要裁切掉的像素位置。

 实例 11　使用透视裁剪工具校正透视图像

实例思路 --

　　在拍摄相片时，由于拍摄场景的限制或被拍摄物的本身因素，拍摄的图像出现所谓的透视效果，让画面变得不太协调，比如头小底大或左小右大，此时我们就可以使用 Photoshop 来对变形的图像进行校正。本例通过 ▣（透视裁切工具）在图像中创建透视裁剪框来校正透视图像，校正过程如图 1-66 所示。

图 1-66

实例要点 --

▶▶ "打开"素材　　　　　　　　　　　　▶▶ "透视裁切工具"的使用

操作步骤 --

步骤01 执行菜单栏中的"文件|打开"命令或按 Ctrl+O 组合键，打开随书附带的"素材\第 1 章\透视照片 .jpg"素材，如图 1-67 所示。

步骤02 在工具箱中选择 ▣（透视裁切工具），在图像中沿房子的边缘单击绘制裁剪框，如图 1-68 所示。

图 1-67

图 1-68

步骤 03 在图像中向左右拖动控制框，将其拖曳到当前文档中最大的效果，如图 1-69 所示。

步骤 04 按 Enter 键完成对透视图像的校正，如图 1-70 所示。

图 1-69   图 1-70

技巧：修正透视效果还可以通过调整变换框，直接将透视效果变换成正常；或者使用"镜头校正"滤镜来调整透视效果。

提示：使用 ▤ （透视裁切工具）不但可以以创建点的方式创建透视框，还可以以矩形的方式创建，然后拖动控制点到透视边缘，如图 1-71 所示。

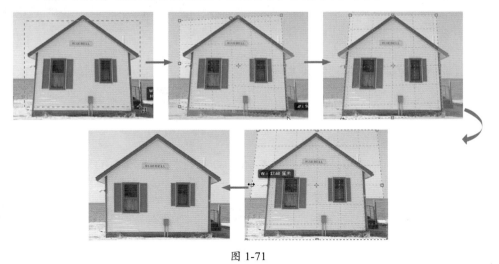

图 1-71

实例 12 Photoshop 中照片编修流程表

（实例思路）

大家对于拍摄的照片几乎都存在不满意的地方，在 Photoshop 中通过整体调整、曝光调整、色彩调整、瑕疵修复和清晰度调整 5 个主要步骤来完成对图像的修复。

实例要点

处理图像的具体流程如图 1-72 所示的图片编修流程表。

照片编修流程表				
1. 摆正、裁剪、调大小	2. 曝光调整	3. 色彩调整	4. 瑕疵修复	5. 清晰度调整
摆正横躺的直幅照片与歪斜照片 校正变形图像 裁剪图像修正构图 调整图像大小 更改画布大小	查看照片的明暗分布状况 调整整体亮度与对比度 修正局部区域的亮度与对比度	移除整体色偏 修复局部区域的色偏 强化图像的色彩 更改图像色调	清除脏污与杂点 去除多余的杂物 人物美容	增强图像锐化度提升照片的清晰效果 改善模糊相片

图 1-72

本章习题与练习

练习

打开文档后，将图像进行顺时针 90 度旋转。

习题

1. 在 Photoshop 中打开素材的快捷键是（　　　）。

 A. Alt+Q   B. Ctrl+O   C. Shift+O   D. Tab+O

2. Photoshop 中属性栏又称为（　　　）。

 A. 工具箱   B. 工作区   C. 选项栏   D. 状态栏

3. 调整画布大小的快捷键是（　　　）。

 A. Alt+Ctrl+C   B. Alt+Ctrl+R   C. Ctrl+V   D. Ctrl+X

4. 在 Photoshop 中新建文档的快捷键是（　　　）。

 A. Alt+Ctrl+C   B. Ctrl+R   C. Ctrl+V   D. Ctrl+N

5. 在 Photoshop 中能够校正斜切照片的工具除了"标尺工具"以外还可以使用（　　　）工具。

 A. 裁剪工具   B. 选择工具   C. 画笔工具   D. 透视裁剪工具

第 2 章

纠正数码相机拍摄时产生的光影错误

拍照时由于操作不当，会使照片出现由于光线捕捉不准确而产生不尽人意的效果，不是太亮或太暗，就是对比度不够，使照片看起来灰蒙蒙的，甚至还会出现局部过亮或局部太白的问题。这些问题在 Photoshop 中都能迎刃而解，只要稍微调整就可以还原照片原景的效果。

本章内容

- 挽救曝光不足的照片
- 挽救过暗的照片
- 挽救背光的照片
- 校正照片四角的黑色晕影
- 调整人物面部的亮度
- 调整发灰的照片

- 挽救曝光过度的照片
- 调整过亮的照片
- 使用"HDR 色调"调整曝光问题照片
- 加强图像中的白色区域
- 增加夜晚灯光的亮度
- 为照片增强层次感

实例 13　挽救曝光不足的照片

实例思路 --------------------------------

　　在拍照时经常会出现由于曝光不足而产生画面发灰或发黑的效果，从而影响照片的质量，要想将照片以最佳的状态进行储存，一是在拍照时调整好光圈、角度和位置来得到最佳效果；二是将照片拍坏后，使用 Photoshop 对其进行修改来得到最佳效果。下面通过如图 2-1 所示的流程图，来了解"曝光度"与"色阶"命令在本例中的应用。

图 2-1

实例要点 --------------------------------

▶▶ 打开文件　　　　　　　　　　　　▶▶ 使用"自动色调"命令

▶▶ 使用"曝光度"调整曝光　　　　　▶▶ 使用"色阶"增强层次感

操作步骤 --------------------------------

步骤 ⓪1 执行菜单栏中的"文件|打开"命令或按 Ctrl+O 组合键，打开随书附带的"素材\第 2 章\曝光不足的照片 .jpg"素材，将其作为背景，如图 2-2 所示。由于曝光不足，会使照片变得有些灰暗，看起来很不舒服。

步骤 ⓪2 执行菜单栏中的"图像|调整|曝光度"命令，打开"曝光度"对话框，只要增加一点曝光值，就可以将照片的灰暗效果去除，设置"曝光度"为 +1.90。其他参数不变，如图 2-3 所示。

图 2-2　　　　　　　　　　　　　　图 2-3

其中的各项含义如下：

● 曝光度：用来调整色调范围的高光端，该选项可对极限阴影产生轻微影响。

● 位移：用来使阴影和中间调变暗，该选项可对高光产生轻微影响。

● 灰度系数校正：用来设置高光与阴影之间的差异。

> 技巧：在"曝光度"对话框中，直接拖动控制滑块可以对图像进行曝光度调整，在文本框中直接输入数值同样可以对图像的曝光度进行调整。

步骤03 设置完成单击"确定"按钮，此时已经将照片变成了正常效果，如图 2-4 所示。

图 2-4

> 技巧：对于初学者来说，使用对话框有可能不太习惯，大家可以直接通过命令调整曝光不足产生的图片灰暗效果，只要在菜单栏中执行"图像|自动色调"命令即可快速调整曝光不足，如图 2-5 所示。

图 2-5

> 技巧：在应用自动调色命令时，可以通过快捷键更加快速准确地调整图像色调，按 Shift+Ctrl+L 组合键，将应用"自动色调"命令；按 Alt+Shift+Ctrl+L 组合键，将应用"自动对比度"命令；按 Shift+Ctrl+B 组合键，将应用"自动颜色"命令。

步骤04 执行菜单栏中的"图像|调整|色阶"命令，打开"色阶"对话框，分别调整"阴影""中间调"和"高光"的控制滑块，如图 2-6 所示。

其中的各项含义如下：

● 预设：用来选择已经调整完成的色阶效果，单击右侧的倒三角形按钮即可弹出下拉列表。

● 通道：用来选择调整色阶的通道。

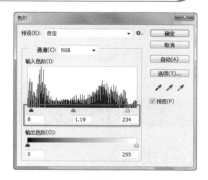

图 2-6

技巧：在"通道"面板中，按住 Shift 键在不同通道上单击可以选择多个通道，再在"色阶"对话框中对其进行调整。此时在"色阶"对话框中的"通道"选项中将会出现选取通道名称的字母缩写。

● 输入色阶：在输入色阶对应的文本框中输入数值或拖动滑块来调整图像的色调范围，以提高或降低图像对比度。

● 输出色阶：在输出色阶对应的文本框中输入数值或拖动滑块来调整图像的亮度范围，"暗部"可以使图像中较暗的部分变亮；"亮部"可以使图像中较亮的部分变暗。

● 弹出菜单：单击该按钮可以弹出下拉菜单，其中包含储存预设、载入预设和删除当前预设。

　◆ 储存预设：执行此命令，可以将当前设置的参数进行储存，在"预设"下拉列表中可以看到被储存选项。

　◆ 载入预设：单击该按钮可以载入一个色阶文件作为对当前图像的调整。

　◆ 删除当前预设：执行此命令可以将当前选择的预设删除。

● 自动：单击该按钮可以将"暗部"和"亮部"自动调整到最暗和最亮。单击此按钮得到的效果与"自动色阶"命令效果相同。

● 选项：单击该按钮可以打开"自动颜色校正选项"对话框，在其中可以设置"阴影"和"高光"所占的比例。

● 设置黑场：用来设置图像中阴影的范围。在"色阶"对话框中单击"设置黑场"按钮，用鼠标在图像中选取相应的点并单击，图像中比选取点更暗的像素颜色将会变得更深（黑色选取点除外）。使用鼠标在黑色区域单击后会恢复图像。

● 设置灰场：用来设置图像中中间调的范围。在"色阶"对话框中单击"设置灰点"按钮，用鼠标在图像中选取相应的点并单击即可设置灰场。使用鼠标在黑色区域或白色区域单击后会恢复图像。

● 设置白场：与设置黑场的方法正好相反，用来设置图像中高光的范围。在"色阶"对话框中单击"设置白场"按钮，用鼠标在图像中选取相应的点单击，图像中比选取点更亮的像素颜色将会变得更浅（白色选取点除外）。使用鼠标在白色区域单击后会恢复图像。

步骤 05 设置完成单击"确定"按钮，至此本例制作完成，最终效果如图2-7所示。

图 2-7

 实例14　挽救过暗的照片

实例思路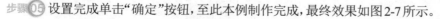

在太阳下或光线不足的环境中拍照时，如果没有控制好相机的设定，就会拍出太亮或太暗的照片，此时的照片就会影响欣赏的心情，本例使用 Photoshop 对太暗的照片进行补救，具体流程如图 2-8 所示。

图 2-8

实例要点

▶ "打开"命令的使用　　　　　　　　　▶ "色阶"命令的使用

▶ "亮度 / 对比度"的使用

操作步骤

步骤01 执行菜单栏中的"文件 | 打开"命令或按 Ctrl+O 组合键，打开随书附带的"素材 \ 第 2 章 \ 过暗的照片 .jpg"素材，将其作为背景，如图 2-9 所示。通过观察打开的素材，我们会发现照片好像被蒙上了一层灰色，让人看起来十分的不舒服，下面我们就通过"亮度 / 对比度"和"色阶"来将灰色去掉。

图 2-9

步骤02 执行菜单栏中的"图像 | 调整 | 亮度 / 对比度"命令，打开"亮度 / 对比度"对话框，向右拖动"亮度"控制滑块，向左拖动"对比度"控制滑块，如图 2-10 所示。

其中的各项含义如下：

● 亮度：用来控制图像的明暗度，负值会将图像调暗，
正值可以加亮图像，取值范围是 -100 ~ 100。

图 2-10

● 对比度：用来控制图像的对比度，负值会降低图像对
比度，正值可以加大图像对比度，取值范围是 -100 ~ 100。

● 使用旧版：将"亮度 / 对比度"命令变为老版本时的调整功能。

步骤03 设置完成单击"确定"按钮，此时已经将过暗的照片调整的稍微亮了一点，效果如图 2-11 所示。

步骤04 执行菜单栏中的"图像 | 调整 | 色阶"命令或按 Ctrl+L 组合键，打开"色阶"对话框，在直方图中我们会发现所有的像素都被集中到了暗部区域，如图 2-12 所示。

图 2-11　　　　　　　　　　　　　　　　图 2-12

步骤 05 在对话框中向左拖动"高光"控制滑块到有像素分布的区域，如图 2-13 所示。

步骤 06 设置完成单击"确定"按钮，此时的效果已经校正了曝光不足的缺陷，如图 2-14 所示。

图 2-13　　　　　　　　　　　　　　　图 2-14

> 技巧：如果出现拍摄照片对比不强的效果，同样可以在"色阶"对话框中直接拖动控制滑块来增强图像的对比。

 实例 15　挽救背光的照片

实例思路

拍照时如果镜头对着的方向太亮，或是光线过强，都会出现人物背光处较暗的效果，本例使用 Photoshop 对照相时出现的背光效果进行调整，使照片还原为原场景，处理流程如图 2-15 所示。

图 2-15

实例要点

- ▶ "阴影 / 高光" 命令
- ▶ "滤色" 混合模式
- ▶ "多边形套索工具" 的使用
- ▶ "羽化" 命令
- ▶ 复制图层

操作步骤

步骤01 执行菜单栏中的 "文件 | 打开" 命令或按 Ctrl+O 组合键，打开随书附带的 "素材 \ 第 2 章 \ 背光照片 .jpg" 素材，如图 2-16 所示。此照片在预览时人物的面部看起来过于黑暗，下面就对其进行调整。

步骤02 执行菜单栏中的 "图像 | 调整 | 阴影 / 高光" 命令，打开 "阴影 / 高光" 对话框，设置 "阴影数量" 为 50%，"高光数量" 为 5%，如图 2-17 所示。

图 2-16

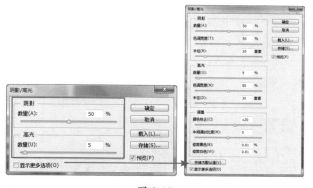

图 2-17

其中的各项含义如下：

- 阴影：用来设置暗部在图像中所占的数量多少。
- 高光：用来设置亮部在图像中所占的数量多少。
- 数量：用来调整 "阴影" 或 "高光" 的浓度。"阴影" 的 "数量" 越大，图像上的暗部就越亮；"高光" 的 "数量" 越大，图像上的亮部就越暗。
- 色调宽度：用来调整 "阴影" 或 "高光" 的色调范围。"阴影" 的 "色调宽度" 数值越小，调整的范围就越集中于暗部；"高光" 的 "色调宽度" 数值越小，调整的范围就越集中于亮部。当 "阴影" 或 "高光" 的值太大时，也可能会出现色晕。
- 半径：用来调整每个像素周围的局部相邻像素的大小，相邻像素用来确定像素是在 "阴影" 还是在 "高光" 中。通过调整 "半径" 值，可获得焦点对比度与背景相比的焦点的级差加亮（或变暗）之间的最佳平衡。
- 颜色校正：用来校正图像中已做调整的区域色彩，数值越大，色彩饱和度就越高；数值越小，色彩饱和度就越低。

● 中间调对比度：用来校正图像中中间调的对比度，数值越大，对比度越高；数值越小，对比度就越低。

● 修剪黑色 / 白色：用来设置在图像中会将多少阴影或高光剪切到新的极端阴影（色阶为0）和高光（色阶为255）颜色。数值越大，生成图像的对比度越强，但会丢失图像细节。

步骤03 设置完成单击"确定"按钮，效果如图 2-18 所示。

步骤04 下面再对人物的皮肤处稍微加亮一点，在工具箱中选择◻（多边形套索工具），设置"羽化"为8，在人物的皮肤处创建选区，如图 2-19 所示。

图 2-18

图 2-19

> **技巧：** 在照片中创建带羽化的选区，复制后会将边缘变得比较柔和一些，在为此处调整亮度时可以让边缘与后面的图像部分融合得更加贴切。

步骤05 按 Ctrl+J 组合键，复制选区内的图像，此时在"图层"中会出现"图层 1"图层，设置"混合模式"为"滤色"，设置"不透明度"为 15%，效果如图 2-20 所示。

图 2-20

步骤06 选择"背景"图层按 Ctrl+J 组合键，得到一个"背景 拷贝"图层，设置"混合模式"为"滤色"，设置"不透明度"为 20%，如图 2-21 所示。

步骤07 此时的最终效果如图 2-22 所示。

图 2-21

图 2-22

技巧：如果要将图像的局部调亮，还可以通过创建选区，再使用"色阶""曲线"或"亮度 / 对比度"命令进行调整。

实例 16 校正照片四角的黑色晕影

实例思路

在拍摄照片时，由于对相机的镜头把握不好，经常会出现拍出的照片周围有一圈黑色晕影，在 Photoshop 中校正黑色晕影非常简单，本例使用"镜头校正"滤镜校正图像的方法，操作流程如图 2-23 所示。

图 2-23

实例要点

▶▶ "打开"命令的使用

▶▶ "镜头校正"滤镜的使用

▶▶ "色阶"命令的使用

操作步骤

步骤01 启动 Photoshop 软件，执行菜单栏中的"文件 | 打开"命令或按 Ctrl+O 组合键，打开随书附带的"素材 \ 第 2 章 \ 晕影照片 .jpg"素材，在打开的素材中我们可以十分清楚地看到照片四个角的黑色晕影，如图 2-24 所示。

步骤02 下面我们就通过 Photoshop 将晕影清除。执行菜单栏中的"滤镜 | 镜头校正"命令，打开"镜头校正"对话框，在对话框中可以看到"自动校正"和"自定"两个选项卡，选择"自定"选项卡，设置"晕影"为 77、"变暗"为 27，如图 2-25 所示。

图 2-24

图 2-25

其中的各项含义如下：

工具部分

- ▣（移去扭曲工具）：使用该工具可以校正镜头枕形或桶形失真，从中心向外拖动鼠标会将图像向外凸起，从边缘向中心拖动鼠标会将图像向内收缩，如图 2-26 所示。

- ▤（拉直工具）：使用该工具在图像中绘制一条直线，可以将图像重新拉直到横轴或纵轴，如图 2-27 所示。

图 2-26　　　　　　　　　　　　　　图 2-27

- ▧（移动网格工具）：使用该工具在图像中拖动可以移动网格，使其重新对齐。

- ◎（缩放工具）：用来缩放预览区的视图，在预览区内单击会将图像放大，按住 Alt 键单击鼠标会将图像缩小。

- ✋（抓手工具）：当图像放大到超出预览框时，使用✋（抓手工具）可以移动图像察看局部。

设置部分（"自动校正"选项卡和"自定"选项卡）

- 自动缩放图像：选中该复选框，图像会自动填满当前图像的画布。

- 边缘：选择对校正图像边缘的填充方式。

　◆ 透明度：以透明像素填充。

　◆ 边缘扩展：以图像边缘的像素进行扩展填充。

　◆ 黑色：使用黑色填充校正边缘。

　◆ 白色：使用白色填充校正边缘。

- 搜索条件：选取相机的制造商、型号、镜头型号。
- 镜头配置文件：当前选取镜头对应的校正参数。
- 设置：用来选择一个预设的控件设置。
- 移去扭曲：通过输入数值或拖动控制滑块，对图像进行校正处理。当输入的数值为负值时或向左拖动控制滑块可以修复枕形失真；当输入的数值为正值时或向右拖动控制滑块可以修复桶形失真。
- 色差：用来校正图像的色差。
  - 修复红/青边：通过输入数值或拖动控制滑块，来调整图像内围绕边缘细节的红边和青边。
  - 修复蓝/黄边：通过输入数值或拖动控制滑块，来调整图像内围绕边缘细节的蓝边和黄边。
- 晕影：用来校正由于镜头缺陷或镜头遮光处理不正确而导致的图像边缘较暗现象。
  - 数量：调整围绕图像边缘的晕影量。
  - 中点：选择晕影中点，来影响晕影校正的外延。
- 设置镜头默认值：如果图像中包含"相机""镜头""焦距"等信息，单击该按钮，可以将其设置为默认值。

变换部分

- 垂直透视：用来校正图像的顶端或底端的垂直透视。
- 水平透视：用来校正图像的左侧或右侧的水平透视。
- 角度：用来校正图像旋转角度，与 ▣（拉直工具）类似。
- 比例：用来调整图像大小，但不影响文件大小。

其他部分

- 预览：选中该复选框，可以在原图中看到校正结果。
- 显示网格：选中该复选框，可以在预览工作区为图像显示网格以便对齐。
- 大小：控制显示网格的大小。
- 颜色：控制显示网格的颜色。

预览部分

- 用来显示当前校正图像并可以进行调整。

步骤 03 设置完成单击"确定"按钮，此时就可以去掉照片的晕影，效果如图 2-28 所示。

步骤 04 执行菜单栏中的"图像|调整|色阶"命令，打开"色阶"对话框，向中间调整"阴影"和"高光"的控制滑块，将照片的对比增强一点，如图 2-29 所示。

步骤 05 设置完成单击"确定"按钮，最终效果如图 2-30 所示。

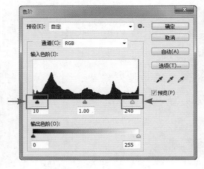

图 2-28　　　　　　　　　　　　图 2-29　　　　　　　　　　　　图 2-30

 实例 17　调整人物面部的亮度

实例思路

　　拍照时由于光线和相机的控制问题会使拍出的人物面部较暗的效果，本例使用 Photoshop 对脸部进行局部加亮，操作流程如图 2-31 所示。

图 2-31

实例要点

▶▶ "打开"命令的使用　　　　　　　　　▶▶ "色阶"调整图层

▶▶ 复制图层　　　　　　　　　　　　　　▶▶ "曝光度"调整图层

▶▶ "创建图层蒙版"命令

操作步骤

步骤01 执行菜单栏中的"文件 | 打开"命令或按 Ctrl+O 组合键，打开随书附带的"素材\第 2 章\美女照片 .jpg"素材，如图 2-32 所示。

步骤02 执行菜单栏中的"图像 | 调整 | 色阶"命令，打开"色阶"对话框，向中间调整"阴影"和"高光"的控制滑块，将照片的对比增强一点，如图 2-33 所示。

步骤 03 设置完成单击"确定"按钮，效果如图 2-34 所示。

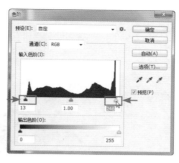

图 2-32　　　　　　　　　　　　　图 2-33　　　　　　　　　　　　　图 2-34

步骤 04 复制"背景"图层得到"背景 拷贝"图层，按住 Alt 键单击  图标略（添加图层蒙版）按钮，为"背景 拷贝"图层添加全部隐藏蒙版，如图 2-35 所示。

图 2-35

技巧：在"图层"面板中单击  图标（添加图层蒙版）按钮，可以为当前的图层添加显示全部蒙版；按住 Alt 键单击  图标（添加图层蒙版）按钮，可以为当前的图层添加隐藏全部蒙版。

步骤 05 选择"蒙版"缩览图，将"前景色"设置为白色，使用 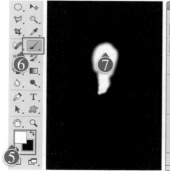 图标（画笔工具）在人物的面部上进行涂抹，此时的蒙版如图 2-36 所示。

步骤 06 在"图层"面板上单击 图标（创建新的填充或调整图层）按钮，在弹出的菜单中选择"色阶"命令，如图 2-37 所示。

图 2-36　　　　　　　　　　　　　　　　　　　　图 2-37

步骤 07 选择"色阶"选项后，系统会弹出"色阶"属性面板，在其中向左拖动"中间调"控制滑块，将图像调整的亮一点，单击 ┖▦（此调整剪切到此图层）按钮，如图 2-38 所示。

步骤 08 图像应用的色阶只针对"背景 拷贝"图层中的面部起作用，调整完成后效果如图 2-39 所示。

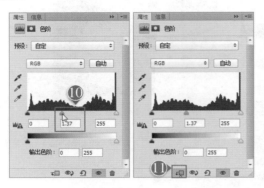

图 2-38

图 2-39

步骤 09 在"图层"面板上单击 ◑（创建新的填充或调整图层）按钮，在弹出的菜单中选择"曝光度"选项，打开"曝光度"属性面板，参数设置如图 2-40 所示。

步骤 10 至此本例制作完成，最终效果如图 2-41 所示。

图 2-40

图 2-41

实例 18　调整发灰的照片

实例思路

在光线较暗的场景中拍摄照片时，如果闪光灯的效果不够理想，就会使整个照片产生灰暗的效果，本例使用 Photoshop 对发灰的照片进行调整，操作流程如图 2-42 所示。

图 2-42

实例要点

- ➡ "打开"命令的使用
- ➡ "曝光度"命令的使用
- ➡ "曲线"命令的使用

操作步骤

步骤 01 执行菜单栏中的"文件 | 打开"命令,打开随书附带的"素材 \ 第 2 章 \ 发灰的照片 .jpg"素材,如图 2-43 所示。

步骤 02 执行菜单栏中的"图像 | 调整 | 曝光度"命令,打开"曝光度"对话框,降低灰度系数就可以去除照片的发灰效果,设置"灰度系数校正"为 1.3,其他参数不变,如图 2-44 所示。

步骤 03 设置完成单击"确定"按钮,效果如图 2-45 所示。

图 2-43

图 2-44

图 2-45

步骤 04 执行菜单栏中的"图像 | 调整 | 曲线"命令,打开"曲线"对话框,如图 2-46 所示。

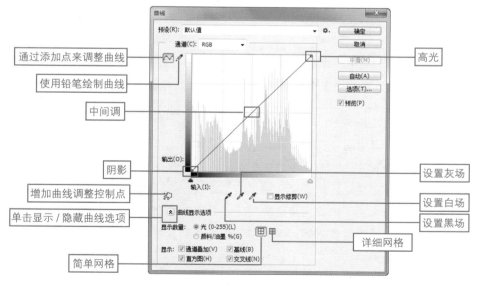
图 2-46

其中的各项含义如下:

- 通过添加点来调整曲线：可以在曲线上添加控制点来调整曲线，拖动控制点即可改变曲线形状。
- 使用铅笔绘制曲线：可以随意在直方图内绘制曲线，此时平滑按钮被激活，用来控制绘制铅笔曲线的平滑度。
- 高光：拖动曲线中的高光控制点可以改变高光。
- 中间调：拖动曲线中的中间调控制点可以改变图像中间调，向上弯曲会将图像变亮，向下弯曲会将图像变暗。
- 阴影：拖动曲线中的阴影控制点可以改变阴影。
- 显示修剪：选中该复选框，可以在预览的情况显示图像中发生修剪的位置。
- 显示数量：包括"光"和"颜料/油墨"两个单选按钮，分别代表加色与减色颜色模式状态。
- 显示：包括显示不同通道的曲线、显示对角线那条浅灰色的基准线、显示色阶直方图和显示拖动曲线时水平和竖直方向的参考线。
- 显示网格大小：在两个按钮上单击可以在直方图中显示不同大小的网格，简单网格指以25%的增量显示网格线，如图2-47所示；详细网格指以10%的增量显示网格，如图2-48所示。

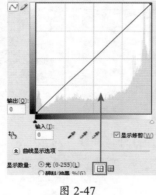
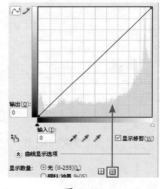

图 2-47　　　　　　　　　　图 2-48

- 增加曲线调整控制点：单击此按钮后，使用鼠标在图像上单击，会自动按照图像单击像素点的明暗，在曲线上创建调整控制点，按住鼠标在图像上拖动即可调整曲线。

技巧：使用"曲线"命令可以调整图像的色调和颜色。设置为曲线形状时，将曲线向上或向下移动将会使图像变亮或变暗，具体情况取决于对话框是设置为显示色阶还是显示百分比。曲线中较陡的部分表示对比度较高的区域；曲线中较平的部分表示对比度较低的区域；如果将"曲线"对话框设置为显示色阶而不是百分比，则会在图形的右上角呈现高光。移动曲线顶部的点将调整高光；移动曲线中心的点将调整中间调；而移动曲线底部的点将调整阴影。要使高光变暗，请将曲线顶部附近的点向下移动。将点向下或向右移动会将"输入"值映射到较小的"输出"值，并会使图像变暗。要使阴影变亮，请将曲线底部附近的点向上移动。将点向上或向左移动会将较小的"输入"值映射到较大的"输出"值，并会使图像变亮。

步骤05 分别调整"高光"和"阴影"控制点到"直方图"中有像素分布的区域，效果如图 2-49 所示。

步骤06 然后向上拖动"中间调"控制点，将照片的整体调亮一点，如图 2-50 所示。

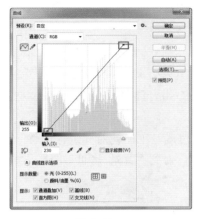

图 2-49

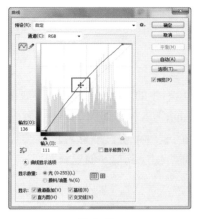

图 2-50

步骤07 设置完成单击"确定"按钮，至此本例制作完成，最终效果如图 2-51 所示。

> **技巧**：通过"曲线"命令提升照片的亮度，还可以通过"色阶"命令来调整。

图 2-51

实例 19　挽救曝光过度的照片

实例思路

曝光过度与曝光不足正好相反，一个是太暗，一个是太亮。本例就为大家讲解使用 Photoshop 修正曝光过度的照片，具体流程如图 2-52 所示。

图 2-52

实例要点

▶▶ "打开" 命令的使用　　　　　　　　▶ 设置 "混合模式" 为 "正片叠底"

▶▶ 复制图层　　　　　　　　　　　　▶ 使用 "色阶" 调整图层增强对比

操作步骤

步骤01 执行菜单栏中的"文件|打开"命令或按Ctrl+O组合键,打开随书附带的"素材\第2章\曝光过度的照片.jpg"素材,如图 2-53 所示。

步骤02 从打开的素材中明显能够看出该照片曝光过度,下面就对其进行调整。在"图层"面板中拖动"背景"图层到 ▣ (创建新图层) 按钮上, 得到"背景 拷贝"图层, 如图 2-54 所示。

图 2-53　　　　　　　　　　　　　　　图 2-54

步骤03 在"图层"面板中设置"混合模式"为"正片叠底", 效果如图 2-55 所示。

图 2-55

步骤04 此时曝光过度的效果已经消除,我们再对其进行细致的调整使其更加完美。在"图层"面板上单击 ◑ (创建新的填充或调整图层) 按钮, 在弹出的菜单中选择"色阶"命令, 如图 2-56 所示。

步骤05 系统会弹出"色阶"属性面板,在其中向左拖动"阴影"控制滑块,将图像的对比增强一些,如图 2-57 所示。

步骤06 至此本例制作完成,最终效果如图 2-58 所示。

> **技巧**: 调整照片的效果对比时,使用"曲线"命令同样可以对照片的效果对比进行加强,
> 只要向右拖动"阴影"控制点即可。

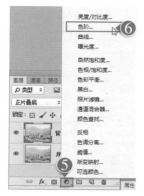

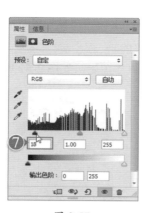

| 图 2-56 | 图 2-57 | 图 2-58 |

实例 20 调整过亮的照片

（实例思路）

过亮与过暗属于相反的两个效果，本例讲解拍照时产生的过亮效果的调整，操作流程如图 2-59 所示。

图 2-59

（实例要点）

▶ "打开"命令的使用　　　　　　　　▶ "柔光"混合模式

▶ 复制图层　　　　　　　　　　　　▶ "自然饱和度"调整图层的使用

▶ "正片叠底"混合模式

（操作步骤）

步骤 01 执行菜单栏中的"文件 | 打开"命令或按 Ctrl+O 组合键，打开随书附带的"素材\第2章\过

亮的照片 .jpg"素材,从打开的素材中可以看出该照片亮于平常的照片,如图 2-60 所示。

步骤 **02** 下面我们使用 Photoshop 将图像调整的暗一点。在"图层"面板中拖动"背景"图层到
（创建新图层）按钮上,得到"背景 拷贝"图层,如图 2-61 所示。

图 2-60   图 2-61

> **技巧**：在"背景"图层中按 Ctrl+J 组合键可以快速复制一个图层副本,只是名称上会
> 按图层顺序进行命名。

步骤 **03** 在"图层"面板中,设置"混合模式"为"正片叠底",设置"不透明度"为 25%,
效果如图 2-62 所示。

> **技巧**：如果想通过"混合模式"将图像调的暗一点,可以选择"正片叠底"选项;想
> 调亮一点的话就选择"滤色"选项。

步骤 **04** 再复制"背景 拷贝"图层,得到"背景 拷贝 2"图层,将"不透明度"设置为 25%,
如图 2-63 所示。

图 2-62   图 2-63

> **提示**：复制图层时该图层具有的"混合模式",也会被应用到被复制的图层中。

步骤 **05** 新建"图层 1"图层,将"前景色"设置为（R: 1、G: 83、B: 125）的蓝色,按
Alt+Delete 组合键填充前景色,设置"混合模式"为"柔光",设置"不透明度"为 50%,效
果如图 2-64 所示。

步骤 06 在"图层"面板上单击 ⊘（创建新的填充或调整图层）按钮，在弹出的菜单中选择"自然饱和度"命令，如图 2-65 所示。

步骤 07 选择"自然饱和度"选项后，系统会弹出"自然饱和度"属性面板，在其中调整各项参数如图 2-66 所示。

步骤 08 至此本例制作完成，最终效果如图 2-67 所示。

图 2-64

图 2-65

图 2-66

图 2-67

实例 21　使用"HDR 色调"调整曝光问题照片

实例思路

使用"HDR 色调"命令可以对图像中的边缘光、色调和细节、颜色等方面进行更加细致的调整，操作流程如图 2-68 所示。

图 2-68

实例要点

▶▶ "打开"命令的使用　　　　　▶▶ 设置不透明度

▶▶ "HDR 色调"命令的使用　　　　▶▶ 应用"色调均匀"命令

▶▶ 复制图层

操作步骤

步骤01 执行菜单栏中的"文件 | 打开"命令或按 Ctrl+O 组合键，打开随书附带的"素材 \ 第 2 章 \
曝光问题照片 .jpg"素材，从打开的素材中可以看出该照片属于曝光问题照片，如图 2-69 所示。

步骤02 执行菜单栏中的"图像 | 调整 | HDR 色调"命令，打开"HDR 色调"对话框，如图 2-70 所示。

图 2-69

图 2-70

其中的各项含义如下：

● 预设：在下拉列表中可以选择系统预设的选项。

● 方法：在下拉列表中可以选择图像的调整方法，其中包括：曝光度和灰度系数、高光
压缩、局部适应和色调均化直方图，选择不同的方法对应对话框也会有所不同，如
图 2-71~ 图 2-73 所示。

图 2-71

图 2-72

图 2-73

- 边缘光：用来设置照片发光效果的大小和对比度。
  - ◆ 半径：用来设置发光效果的大小。
  - ◆ 强度：用来设置发光效果的对比度。
- 色调和细节：用来设置照片光影部分的调整。
  - ◆ 细节：用来设置并查找图像细节。
  - ◆ 阴影：调整阴影部分的明暗度。
  - ◆ 高光：调整高光部分的明暗度。
- 颜色：用来设置照片的色彩调整。
  - ◆ 自然饱和度：可以对图像进行灰色调到饱和色调的调整，用于提升不够饱和度的图片，或调整出非常优雅的灰色调，取值范围在 -100~100 之间，数值越大色彩越浓烈。
  - ◆ 饱和度：用来设置图像色彩的浓度。
- 色调曲线和直方图：用曲线直方图的方式对图像进行色彩与亮度的调整。

步骤 03　在"方法"下拉列表中选择"曝光度和灰度系数"选项，设置"曝光度"为 2.34、"灰度系数"为 1.00，如图 2-74 所示。

步骤 04　设置完成单击"确定"按钮，效果如图 2-75 所示。

图 2-74

图 2-75

技巧：对于初学者来说，使用对话框有可能不太习惯，大家可以通过自动调整命令来调整曝光问题照片，只要在菜单栏中执行"图像 / 自动对比度"命令就可以快速调整曝光问题，或者在打开的"曲线"对话框中单击"自动"按钮，系统可以快速调整图像的颜色、对比度或色阶，如图 2-76 所示。

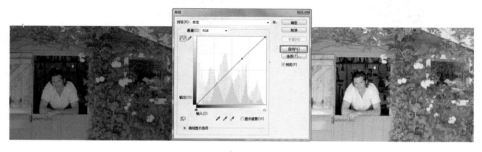
图 2-76

步骤 05　按 Ctrl+J 组合键复制"背景"图层，得到一个"图层 1"图层，如图 2-77 所示。

步骤 06　执行菜单栏中的"图像|调整|色调均匀"命令，设置"不透明度"为 50%，如图 2-78 所示。

图 2-77

图 2-78

步骤 07 至此本例制作完成，最终效果如图 2-79 所示。

> **技巧**：使用"色调均匀"命令可以重新分布图像中像素的亮度值，使它们更均匀地呈现所有范围的亮度级别，将图像中最亮的像素转换为白色，图像中最暗的像素转换为黑色，而中间的值则均匀地分布在整个灰度中。

图 2-79

实例 22　加强图像中的白色区域

实例思路

拍摄照片时，有时不能够按照摄影师的想法来完成最终的拍照效果，这时就需要使用 Photoshop 来进行简单的处理，使其达到理想的效果，本例通过"通道混合器"命令，为图像中的白色像素部分增加的更加白一些，流程图如图 2-80 所示。

图 2-80

实例要点

▶▶ 使用"打开"菜单命令打开素材图像　　　▶▶ 复制图层并使用"通道混合器"菜单命令

▶▶ 设置图层的"混合模式"为"柔光"

操作步骤

步骤 01 执行菜单栏中的"文件|打开"命令或按 Ctrl+O 组合键，打开随书附带的"素材\第2章\银色海滩 .jpg"素材，将其作为背景，如图 2-81 所示。

步骤 02 拖动"背景"图层至 ⬜（创建新图层）按钮上，复制"背景"图层得到"背景 拷贝"图层，如图 2-82 所示。

图 2-81

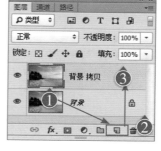

图 2-82

步骤 03 选中"背景 拷贝"图层，执行菜单栏中的"图像|调整|通道混合器"命令，打开"通道混和器"对话框，参数设置如图 2-83 所示。

其中的各项含义如下：

● 预设：系统保存的调整数据。

● 输出通道：用来设置调整图像的通道。

● 源通道：根据色彩模式的不同会出现不同的调整颜色通道。

● 常数：用来调整输出通道的灰度值。正值可增加白色，负值可增加黑色。200% 时输出的通道为白色；–200% 时输出的通道为黑色。

● 单色：选中该复选框，可将彩色图片变为单色图像，而图像的颜色模式与亮度保持不变。

图 2-83

技巧：在"通道混和器"对话框中，如果先选中"单色"复选框，再取消后则可以单独修改每个通道的混合，从而创建一种手绘色调外观。

步骤 04 单击"确定"按钮，图像效果如图 2-84 所示。

步骤 05 设置"混合模式"为"柔光"，设置"不透明度"为 65%，如图 2-85 所示。

步骤 06 至此本例制作完成，最终效果如图 2-86 所示。

图 2-84   图 2-85   图 2-86

 实例 23   增加夜晚灯光的亮度

实例思路 ------------------------------------

夜晚风景中的灯光是越亮越能辅助此风景的。本例通过"反相"和"色阶"命令调整图像并在"图层"面板中将"混合模式"设置为"划分"来制作增亮效果,流程图如图 2-87 所示。

图 2-87

实例要点 ------------------------------------

▶▶ 使用"打开"命令打开素材图像   ▶▶ "划分"模式设置图像亮度

▶▶ 使用"反相"调整命令   ▶▶ 使用"色阶"调整图像的亮度

操作步骤 ------------------------------------

步骤01 执行菜单栏中的"文件|打开"命令或按 Ctrl+O 组合键,打开随书附带的"素材\第2章\夜景 .jpg"素材,如图 2-88 所示。

步骤02 拖动"背景"图层至 （创建新图层）按钮上,复制"背景"图层得到"背景 拷贝"图层,如图 2-89 所示。

图 2-88

图 2-89

步骤 03 选中"背景 拷贝"图层,执行菜单栏中的"图像|调整|反相"命令将图像反相,并将"背景 拷贝"图层的"混合模式"设置为"划分",效果如图 2-90 所示。

图 2-90

技巧:通过"创建新的填充或调整图层"来调整当前图像时,不需要再复制图层,直接在背景图层上创建调整图层后即可,混合模式可以通过创建的调整图层直接设置。

步骤 04 执行菜单栏中的"图像|调整|色阶"命令,打开"色阶"对话框,参数设置如图 2-91 所示。

技巧:在"色阶"对话框中,拖动滑块改变数值后,可以将较暗的图像变得亮一些。选中"预览"复选框,可以在调整的同时看到图像的变化。

步骤 05 设置完成单击"确定"按钮,至此本例制作完成,最终效果如图 2-92 所示。

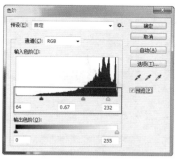
图 2-91

图 2-92

实例 24 为照片增强层次感

(实例思路)

在拍摄相片时由于摄影技巧与光源的原因,拍出的照片给人的感觉会有一种人物与背景相融合的效果，不能有效的体现整张相片中作为主体的人物，本例通过如图 2-93 所示的调整流程，了解"色阶""亮度 / 对比度"和"照片滤镜"命令在本例中的应用。

图 2-93

（实例要点）--

▶ 打开素材
▶ 使用"色阶"命令调整图像亮度，使图像更具有层次感
▶ 使用"亮度 / 对比度"命令增加亮度和对比度
▶ 使用"照片滤镜"命令调整图片的色调

（操作步骤）--

步骤01 执行菜单栏中的"文件 | 打开"命令或按 Ctrl+O 组合键，打开随书附带的"素材 \ 第 2 章 \ 卫兵 .jpg"素材，如图 2-94 所示。

步骤02 执行菜单栏中的"图像 | 调整 | 色阶"命令，打开"色阶"对话框，将"阴影"和"高光"的控制滑块都拖动到有像素分布的区域，如图 2-95 所示。

图 2-94

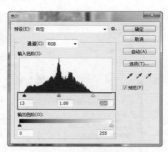

图 2-95

步骤03 设置完成单击"确定"按钮，效果如图 2-96 所示。

步骤04 执行菜单栏中的"图像 | 调整 | 亮度 / 对比度"命令，打开"亮度 / 对比度"对话框，其中的参数设置如图 2-97 所示。

步骤05 设置完成单击"确定"按钮，效果如图 2-98 所示。

图 2-96

图 2-97 图 2-98

步骤 06 执行菜单栏中的"图像|调整|照片滤镜"命令，打开"照片滤镜"对话框，设置"滤镜"为"冷却滤镜（LBB）"，设置"浓度"为 19%，如图 2-99 所示。

其中的各项含义如下：

- 滤镜：选中此单选按钮，可以在右面的下拉列表中选择系统预设的冷、暖色调选项。
- 颜色：选中此单选按钮，可以单击"颜色"图标，在弹出的"选择路径颜色拾色器"对话框中设置冷、暖色调的颜色。
- 浓度：用来调整应用到照片中的颜色数量，数值越大，色彩越接近饱和。

步骤 07 设置完成单击"确定"按钮，至此本例制作完成，最终效果如图 2-100 所示。

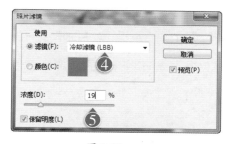

图 2-99 图 2-100

本章习题与练习

练习

打开一张过暗的照片，分别使用"色阶""曲线"等命令进行校正。

习题

1. 在"曝光度"对话框中，直接拖动控制滑块可以对图像进行曝光度调整，在文本框中直接（ ）同样可以对图像的曝光度进行调整。

2. Photoshop 中可以使用（ ）命令来处理背光照片。

3. 对于照片周围有一圈黑色晕影，可以使用（ ）命令进行处理。

　　A. 亮度 / 对比度　　B. 镜头校正　　　　C. 曲线　　　　　　　D. 色彩平衡

4. 在 Photoshop 中，如果想通过"混合模式"将图像调得暗一点，可以选择"正片叠底"；想调亮一点，可以选择（ ）。

　　A. 变暗　　　　　　B. 溶解　　　　　　C. 饱和度　　　　　　D. 滤色

第 3 章

照片调整中的色调问题

在日常生活中，大家拍摄的照片颜色与现实场景往往不太一样，常常会出现偏色、颜色鲜艳度、层次感不太分明等问题。本章就使用 Photoshop 解决这些问题。

本章内容

实例 25　色彩平衡校正偏色照片

实例思路 -

　　在使用相机拍照时，由于拍摄的原因常常会出现一些偏色的照片，使用 Photoshop 可以轻松修正照片偏色的问题，从而还原照片的本色，本例使用"色彩平衡"命令可以单独对图像的阴影、中间调和高光进行调整，从而改变图像的整体颜色，具体操作流程如图 3-1 所示。

图 3-1

实例要点 -

▶ 打开文件　　　　　　　　　　　　▶ 使用"信息"面板

▶ 使用"吸管工具"　　　　　　　　　▶ 使用"色彩平衡"校正颜色

操作步骤 -

步骤 01　执行菜单栏中的"文件|打开"命令或按 Ctrl+O 组合键，打开随书附带的"素材\第 3 章\偏色照片 01.jpg"素材，此时我们看到照片有一些偏色，如图 3-2 所示。

> 技巧：如果想确认照片是否偏色，最简单的方法就是使用"信息"面板查看照片中白色、灰色或黑色的位置，因为白色、灰色和黑色都属于中性色，这些区域的 RGB 颜色值应该是相等的，如果发现某个数值太高，就可以判断是偏色照片。

> 提示：在照片中寻找黑色、白色或灰色的区域时，例如人物的头发、白色衬衣、灰色路面、墙面等等，由于每个显示器的色彩都存在一些差异，所以我们最好使用"信息"面板来精确判断，再对其进行修正。

步骤 02　执行菜单栏中的"窗口|信息"命令，打开"信息"面板，在工具箱中选择 ✎（吸管工具），设置"取样大小"为"3×3 平均"，如图 3-3 所示。

图 3-2   图 3-3

步骤03 然后将鼠标指针移到照片中的电线杆上，如图 3-4 所示。

步骤04 此时在"信息"面板中发现黑色中的 RGB 值明显不同，红色远远大于蓝色与绿色，说明照片偏红，如图 3-5 所示。

图 3-4   图 3-5

技巧：检测色偏时，在选择图像白色时最好避开反光点，因为反光点会呈现为全白或接近全白，从而较难判断色偏。

步骤05 在"图层"面板中单击 ◐（创建新的填充或调整图层）按钮，在弹出的菜单中选择"色彩平衡"选项，如图 3-6 所示。

步骤06 选择"色彩平衡"选项后，系统会打开"色彩平衡"面板，在面板中将"青色 / 红色"控制滑块向青色区域拖动，再将"黄色 / 蓝色"控制滑块向蓝色区域拖动，如图 3-7 所示。

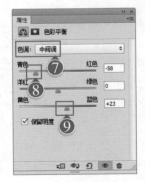

图 3-6   图 3-7

其中的各项含义如下：

● 色彩平衡：可以在对应的文本框中输入相应的数值
   或拖动下面的三角滑块来改变颜色的增加或减少。

● 色调：可以选择在阴影、中间调或高光中调整色彩
   平衡。

● 保留明度：选中此复选框，在调整色彩平衡时保持
   图像亮度不变。

步骤 07 通过预览发现此时的偏红已经全部消失，最终效果如
图 3-8 所示。

图 3-8

> 技巧：通过"信息"面板中显示的数据，理论上如果将 RGB 中的三个数值设置成相同
> 参数时，应该会彻底清除色偏，但是往往实际操作中会根据实例的不同而只将
> 三个参数设置为大致相同即可。如果非要将数值设置成一致的话，也许会出现
> 另一种色偏。

> 技巧：在 Photoshop 中对某种颜色过多而产生的色偏，可以通过色彩平衡、曲线、色阶
> 或颜色匹配等命令来完成。使用"曲线"或"色阶"时只要将过多颜色的通道
> 降低即可，使用"颜色匹配"时只要调整中和选项的参数即可。

> 技巧：在 Photoshop 中如果想快速处理偏色的照片，可以直接执行菜单栏中的"图像 |
> 自动颜色"或"图像 | 自动色调"命令即可，如图 3-9 所示。

图 3-9

实例 26　色阶校正偏色照片

实例思路 ------------------------------------

拍摄照片时由于环境的明暗、相机光圈的调节等原因，都可能出现对源人物及周围场景产

生偏色，从而不能真正体现原有的颜色。使用"色阶"命令可以校正图像的色调范围和颜色平衡，"色阶"直方图可以用作调整图像基本色调的直观参考，调整方法是在"色阶"对话框中通过调整图像的阴影、中间调和高光的强度级别来达到最佳效果，本例将使用Photoshop中的"色阶"命令轻松修正照片的偏色，从而还原照片的本色，具体流程如图3-10所示。

图 3-10

实例要点

▶ "打开"命令的使用   ▶ 使用"信息"面板

▶ 使用"吸管工具"   ▶ "色阶"命令的使用

操作步骤

步骤01 执行菜单栏中的"文件|打开"命令，打开随书附带的"素材\第3章\偏色照片02.jpg"素材，将其作为背景，打开的素材好像被蒙上了一层灰色，下面通过"亮度/对比度"和"色阶"命令来去掉灰色，如图3-11所示。

步骤02 执行菜单栏中的"窗口|信息"命令，打开"信息"面板，在工具箱中选择 ▨（吸管工具），设置"取样大小"为"3×3平均"，将鼠标移至灰色的塔台上，从面板中看到RGB中的绿色值比其他两个值要大得多，从而判断相片偏绿，如图3-12所示。

图 3-11

图 3-12

步骤03 执行菜单栏中的"图像|调整|色阶"命令，打开"色阶"对话框，在"通道"中选择"绿"，向右拖动中间调控制滑块，如图3-13所示。

步骤04 在"通道"中选择"蓝"，向左拖动中间调控制滑块，如图3-14所示。

步骤05 在"通道"中选择"红"，向右拖动中间调控制滑块，如图3-15所示。

步骤06 在"通道"中选择RGB，向右拖动阴影控制滑块，向左拖动高光控制滑块，如图3-16所示。

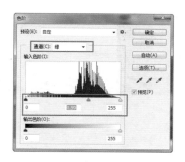

图 3-13

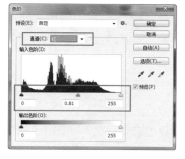

图 3-14

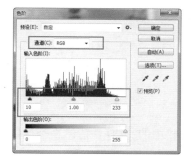

图 3-15

图 3-16

步骤 07 设置完成单击"确定"按钮，完成偏色的校正，最终效果如图 3-17 所示。

步骤 08 此时在"信息"面板中可以看到调整后的参数，如图 3-18 所示。

图 3-17

图 3-18

> 技巧：在 Photoshop 中，使用"色阶"命令单独降低或增加某个通道的色彩值，可以为偏色的相片进行校正，使用"曲线"命令去除色偏的方法与"色阶"相类似，也是选择某个通道，降低或增加某个通道的色彩值。

> 技巧：通过"色阶"命令降低蓝色通道中间调时，如果调整的过多，就会出现另一种色偏。

实例 27 曲线校正偏色照片

实例思路

本例通过"曲线"命令校正照片的偏色问题，操作流程如图 3-19 所示。

图 3-19

实例要点

▶▶ "打开"命令的使用　　　　　　　　▶▶ 使用"信息"面板

▶▶ 使用"吸管工具"　　　　　　　　　▶▶ "曲线"命令的使用

操作步骤

步骤 01 执行菜单栏中的"文件|打开"命令或按Ctrl+O组合键,打开随书附带的"素材\第3章\偏色照片 03.jpg"素材,如图 3-20 所示。

步骤 02 执行菜单栏中的"窗口|信息"命令,打开"信息"面板,在工具箱中选择 ![吸管] (吸管工具),设置"取样大小"为"3×3 平均",将鼠标移至灰色的地板上,从面板中看到 RGB 中的红色值比其他两个值要小得多,从而判断照片缺少红色,如图 3-21 所示。

图 3-20　　　　　　　　　　　　　　图 3-21

步骤 03 执行菜单栏中的"图像|调整|曲线"命令,打开"曲线"对话框,在"通道"中选择"红",向上拖动中间调控制点,为照片增加红色,效果如图 3-22 所示。

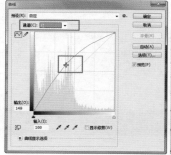

图 3-22

步骤 04 在"通道"中选择"绿"，向下拖动中间调控制点，为照片降低绿色，效果如图 3-23 所示。

图 3-23

步骤 05 在"通道"中选择"蓝"，向下拖动中间调控制点，为照片降低蓝色，此时发现偏色已经调整好了，效果如图 3-24 所示。

图 3-24

步骤 06 在"通道"中选择 RGB，向右拖动阴影控制滑块，向左拖曳高光控制滑块，目的是加强一下照片的对比度，如图 3-25 所示。

步骤 07 设置完成单击"确定"按钮，最终效果如图 3-26 所示。

步骤 08 此时在"信息"面板中可以看到调整后的参数，如图 3-27 所示。

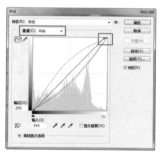

图 3-25

图 3-26

图 3-27

实例 28 Camera Raw 滤镜校正偏色

实例思路

　　Camera Raw 滤镜是 Photoshop CC 新增加的一个滤镜功能，也就是之前版本中的 Camera Raw，将其放置到滤镜中可以更加方便的对照片进行调色处理，该滤镜能快速处理摄影师拍摄的图片，操作流程如图 3-28 所示。

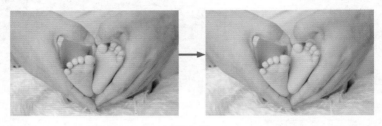

图 3-28

实例要点

▶ "打开"命令的使用　　　　　　　　▶ Camera Raw 滤镜的使用

操作步骤

步骤01 启动 Photoshop 软件，执行菜单栏中的"文件 | 打开"命令或按 Ctrl+O 组合键，打开随书附带的"素材\第 3 章\偏色照片 04.jpg"素材，如图 3-29 所示。

步骤02 执行菜单栏中的"滤镜 |Camera Raw 滤镜"命令，打开"Camera Raw"对话框，如图 3-30 所示。

图 3-29

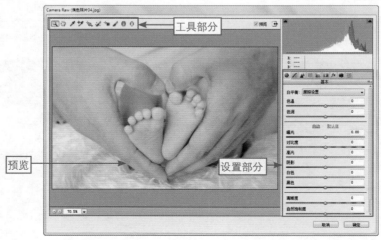

图 3-30

其中的各项含义如下：

工具部分

- （缩放工具）：用来缩放预览区的视图，在预览区内单击会将图像放大，按住 Alt 键单击鼠标会将图像缩小。
- （抓手工具）：当图像放大到超出预览框时，使用 （抓手工具）可以移动图像查看局部。
- （白平衡工具）：选择该工具并在预览区的图像上单击，系统会自动按照选取点的像素颜色自动调整整体图像的"色温"和"色调"，如图 3-31 所示。

单击

图 3-31

> 技巧：调整出现问题后，按住 Alt 键会将对话框中"取消"按钮变为"复位"按钮，单击即可还原为最初状态。

- （颜色取样器工具）：该工具通常是用来判断图片是否偏色，最多可以设置 9 个取样点，使用方法是在预览区的图像中找到本应为灰色的区域并单击，系统会在工具箱下面显示当前选取点的颜色值，从而判断图片是否偏色。
- （目标调整工具）：该工具可以通过拖动方式改变选取像素在"HSL/灰度"标签中的"明亮度"颜色，向右和向上增加颜色明亮度，向左和向下可降低颜色明亮度。
- （污点去除工具）：该工具可以将照片中的瑕疵污渍进行快速的修复，方法是调整画笔大小后在污渍区单击，系统会自动将污渍或瑕疵修复。
- （红眼去除工具）：该工具可以将照片中数码相机拍摄出来的红眼效果进行修复，使用方法与软件工具箱中的 （红眼工具）一样。
- （调整画笔工具）：该工具可以将照片中的局部作为调整对象，也可以通过添加（加重或加大蒙版）或删除（减淡或缩小蒙版）调整图片色调。
- （渐变滤镜）：该工具可以在图片中进行从起点到终点的拖动渐变调整，通过设置的颜色对图片进行无损调整。
- （镜像滤镜）：该工具可以在图片中进行从起点向外部成放射状的拖动渐变调整，通过设置的颜色对图片进行无损调整。

设置部分

- 直方图：用来显示调整时图片像素的分布情况，如图 3-32 所示。

图 3-32

● 调整标签：用来转换调整图片时所需功能的面板，单击上面的图标便会在设置区显示
该功能的所有调整选项，其中包含基本、色调曲线、细节、HSL/ 灰度、分离色调、镜
头校正、效果、相机校准和预设，如图 3-33 所示。

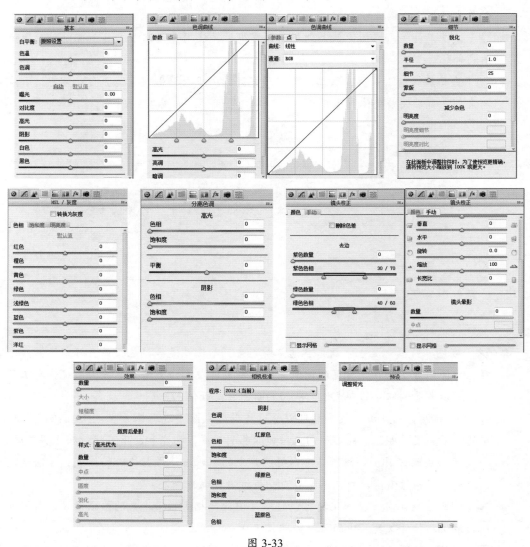

图 3-33

步骤 03 在对话框中选择"相机校准"
标签，在其中调整"红原色""绿原色"
和"蓝原色"的"色相"参数，在"直
方图"中查看 3 个颜色的像素分布，
将其调成重叠效果，如图 3-34 所示。

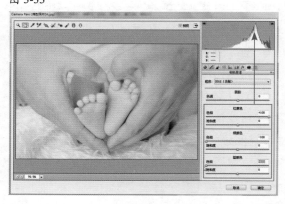

图 3-34

步骤04 设置完成单击"确定"按钮，完成偏色照片的校正，最终效果如图 3-35 所示。

图 3-35

实例 29 设置灰场自动校正偏色

实例思路 -------------------------------

对于偏色的照片，一般可以通过"自动颜色"命令来快速校正偏色，但对于偏色比较复杂的图像，"自动颜色"命令是不能调整的，需要在"色阶"、"曲线"等对话框中通过"设置灰场"来进行快速校正，操作流程如图 3-36 所示。

图 3-36

实例要点 -------------------------------

▶ 打开文档
▶ 复制图层
▶ 设置"差值"混合模式

▶ "阈值"调整
▶ "色阶"对话框中的"设置灰场"

操作步骤 -------------------------------

步骤01 执行菜单栏中的"文件 | 打开"命令或按 Ctrl+O 组合键，打开随书附带的"素材 \ 第 3 章 \ 偏色照片 05.jpg"素材，效果如图 3-37 所示。

步骤02 按 Ctrl+J 组合键复制"背景"图层得到"图层 1"图层，如图 3-38 所示。

步骤03 新建"图层 2"图层，将"前景色"设置为 R: 125、G: 125、B: 125，按 Alt+Delete 组合键填充前景色，如图 3-39 所示。

图 3-37

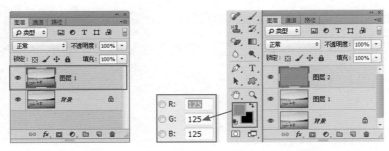

图 3-38   图 3-39

步骤 04 设置"混合模式"为"差值",效果如图 3-40 所示。

图 3-40

步骤 05 按 Ctrl+E 组合键向下合并图层。执行菜单栏中的"图像 | 调整 | 阈值"命令,打开"阈值"对话框,设置"阈值色阶"为 14,如图 3-41 所示。

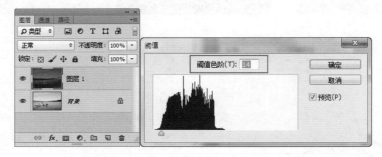

图 3-41

步骤 06 设置完成单击"确定"按钮,此时再使用 （颜色取样工具）在图像中黑色位置上单击进行取样,如图 3-42 所示。

图 3-42

提示：在黑色上取样的目的是为了将图像进行更加准确的颜色校正。此处的黑色就是
　　　原图像中的灰色区域。

步骤07 将"图层 1"图层隐藏，选择"背景"图层，如图 3-43 所示。

图 3-43

步骤08 执行菜单栏中的"图像 | 调整 | 色阶"命令，打开"色阶"对话框，单击 🖋（设置灰点）按钮，并将鼠标指针移到图像中的取样点上单击，如图 3-44 所示。

步骤09 此时偏色已经被校正过来，最终效果如图 3-45 所示。

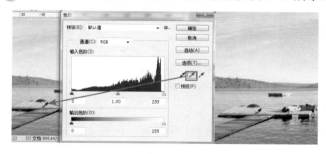

图 3-44

图 3-45

实例 30　提高照片颜色的鲜艳度

（实例思路） -

　　拍摄照片时，由于拍摄环境或光源的影响，使得拍出照片的颜色不是非常鲜艳，看起来有一种旧照片的感觉，或拍摄的照片放置时间较长而褪色，从而影响照片的美感，本例将褪色的照片输入到电脑中，应用 Photoshop 将其还原为最初的效果，操作流程如图 3-46 所示。

图 3-46

实例要点 -

▶▶ "打开"命令的使用　　　　　　▶▶ "亮度／对比度"命令的使用

▶▶ "自然饱和度"命令的使用　　　▶▶ "色阶"命令的使用

- -

操作步骤 -

步骤01 执行菜单栏中的"文件|打开"命令或按Ctrl+O组合键，打开随书附带的"素材\第3章\褪色照片.jpg"文件，如图 3-47 所示。

步骤02 对于褪色的照片，使用 Photoshop 进行补救非常简单。执行菜单栏中的"图像|调整|自然饱和度"命令，打开"自然饱和度"对话框，设置"自然饱和度"为 70，"饱和度"为 47，如图 3-48 所示。

图 3-47　　　　　　　　　　　　　图 3-48

其中的各项含义如下：

● 自然饱和度：可以将图像进行灰色调到饱和色调的调整，用于提升不够饱和度的图片，或调整出非常优雅的灰色调，取值范围是 -100~100 之间，数值越大色彩越浓烈。

● 饱和度：通常指的是一种颜色的纯度，颜色越纯，饱和度就越大；颜色纯度越低，相应颜色的饱和度就越小，取值范围是 -100~100 之间，数值越小颜色纯度越小，越接近灰色。

技巧："自然饱和度"命令，不但可以对已褪色的照片进行加色，还可以对颜色较浓图片进行降低饱和度处理，如图 3-49 所示。

图 3-49

步骤03 设置完成单击"确定"按钮，效果如图 3-50 所示。

技巧：在 Photoshop 中，能够快速增强颜色的命令主要有"自然饱和度""色相／饱和度""色彩平衡"等命令。

步骤 04 应用"自然饱和度"命令后，发现照片虽然颜色变得鲜艳了，但是不足的是照片看起来较暗，下面就来解决这个问题。执行菜单栏中的"图像 | 调整 | 亮度 / 对比度"命令，打开"亮度 / 对比度"对话框，设置"亮度"为 20，"对比度"为 8，如图 3-51 所示。

步骤 05 设置完成单击"确定"按钮，效果如图 3-52 所示。

图 3-50　　　　　　　　　图 3-51　　　　　　　　　图 3-52

步骤 06 执行菜单栏中的"图像 | 调整 | 色阶"命令，打开"色阶"对话框，在"通道"中选择 RGB，向右拖动阴影控制滑块，向左拖动高光控制滑块，如图 3-53 所示。

步骤 07 设置完成单击"确定"按钮，至此本例制作完成，最终效果如图 3-54 所示。

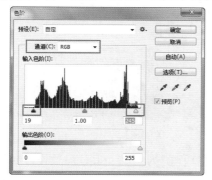　　　　　

图 3-53　　　　　　　　　　　　图 3-54

实例 31　更改照片中场景的颜色格调

(实例思路) -

　　成像后的画面会永远以一种固有的形式存在，如果想对照片中的颜色格调进行更改，就必须将该照片输入到电脑中，使用相应的图像处理软件对其进行调整，本例使用 Photoshop 对当前的照片进行一次颜色格调更改，具体流程如图 3-55 所示。

图 3-55

◢ 实例要点 ◣

▶▶ "打开"命令的使用　　　　　　　　　　▶▶ 编辑图层蒙版

▶▶ "通道混和器"面板　　　　　　　　　　▶▶ "画笔工具"的使用

◢ 操作步骤 ◣

步骤 01 执行菜单栏中的"文件|打开"命令或按Ctrl+O组合键,打开随书附带的"素材\第3章\美女照片.jpg"素材, 如图3-56所示。

步骤 02 下面使用Photoshop将照片中秋天的背景变成另一种格调效果。在"图层"面板中单击 ◉ (创建新的填充或调整图层)按钮,在弹出的菜单中选择"通道混合器"选项, 如图3-57所示。

图 3-56　　　　　　　　　　　　图 3-57

步骤 03 在打开的"通道混和器"面板中设置"输出通道"为"绿", 其他参数设置如图3-58所示。

> 提示: 在"通道混和器"面板中"输出通道"包含的通道与当图像文件的颜色模式相对应,
> 例如RGB颜色模式的通道为红色, 绿色和蓝色、CMYK颜色模式的通道为青色,
> 洋红, 黄色和黑色等等。

步骤 04 调整完成后得到更改效果, 如图3-59所示。

步骤 05 在工具箱中设置"前景色"为黑色,选择 ✐ (画笔工具), 在属性栏中设置"大小"为"28像素", "硬度"为0%, 如图3-60所示。

图 3-58　　　　　　　　　　图 3-59　　　　　　　　　　图 3-60

步骤 06 使用 ✏（画笔工具）在人物身上进行涂抹，效果如图 3-61 所示。

图 3-61

步骤 07 至此本例制作完成，最终效果如图 3-62 所示。

步骤 08 此时，"图层"面板中的蒙版如图 3-63 所示。

图 3-62   图 3-63

实例 32 提升人物与背景的层次感

实例思路

在拍摄相片时，由于摄影技巧与光源的原因，拍出的照片总会有一种人物与背景相融合的效果，不能有效地体现整张照片中作为主体的人物，本例讲解提升人物与背景的层次感，操作流程如图 3-64 所示。

图 3-64

实例要点

▶▶ "打开"命令的使用　　　　　　　　　▶▶ "自然饱和度"调整图层的使用
▶▶ "色阶"调整图层的使用

操作步骤

步骤01 执行菜单栏中的"文件|打开"命令或按Ctrl+O组合键,打开随书附带的"素材\第3章\美女照片2.jpg"素材,如图3-65所示。

步骤02 在"图层"面板中单击◎（创建新的填充或调整图层）按钮,在弹出的菜单中选择"色阶"选项,如图3-66所示。

步骤03 打开"色阶"属性面板,设置"通道"为RGB,向右拖动"阴影"控制滑块和"中间调"控制滑块,向左拖动"高光"控制滑块,如图3-67所示。

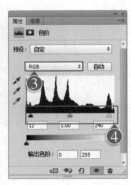

图 3-65　　　　　　　　　　　图 3-66　　　　　　　　　　　图 3-67

步骤04 调整完成后发现人物与背景之间的层次感已经加强,不足的是人物面部的颜色过浓,如图3-68所示。

步骤05 下面再对图像降低饱和度。在"图层"面板中单击◎（创建新的填充或调整图层）按钮,在弹出的菜单中选择"自然饱和度"选项,系统会打开"自然饱和度"面板,设置"自然饱和度"为-7,"饱和度"为-8,如图3-69所示。

图 3-68

> **技巧**: 在Photoshop中除了使用"自然饱和度"命令可以增加或降低图像的饱和度,还可以使用"色相/饱和度"命令对图像的颜色饱和度进行增加或降低。

步骤06 至此本例制作完成,调整后的最终效果如图3-70所示。

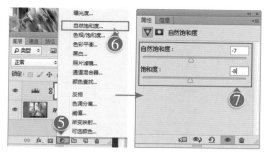 

图 3-69　　　　　　　　　　　　　　图 3-70

实例 33　快速调整人物肤色

（实例思路）

数码相机在拍摄时有距离、光源等原因，使照片变的过于颜色浓郁或颜色较浅，本例使用 Photoshop 快速提升或降低饱和度来还原场景的原始状态，操作流程如图 3-71 所示。

图 3-71

（实例要点）

▶ "打开"命令的使用　　　　　　　　▶ "色相 / 饱和度"命令的使用

（操作步骤）

步骤01　执行菜单栏中的"文件 | 打开"命令或按快捷键 Ctrl+O 键，打开随书附带的"素材 \ 第 3 章 \ 美女照片 3"素材，如图 3-72 所示。

步骤02　照片中人物肤色部分红色饱和度较大，下面使用 Photoshop 降低人物面部的饱和度。执行菜单栏中的"图像 | 调整 | 色相 / 饱和度"命令，打开"色相 / 饱和度"对话框，设置"编辑"为"红色"，向左拖动"饱和度"控制滑块，直到参数为 -40 时停止，如图 3-73 所示。

图 3-72

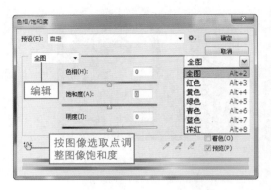

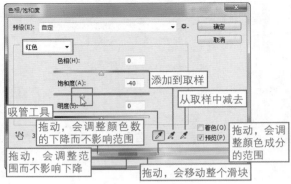

图 3-73

其中的各项含义如下：

● 预设：系统保存的调整数据。

● 编辑：用来设置调整的颜色范围。

● 色相：通常指的是颜色，即红色、黄色、绿色、青色、蓝色和洋红。

● 饱和度：通常指的是一种颜色的纯度，颜色越纯，饱和度就越大；颜色纯度越低，相应颜色的饱和度就越小。

● 明度：通常指的是色调的明暗度。

● 着色：选中该复选框，只可以为全图调整色调，并将彩色图像自动转换成单一色调的图片。

● 按图像选取点调整图像饱和度：单击此按钮，使用鼠标在图像的相应位置拖动时，会自动调整被选取区域颜色的饱和度，按住 Ctrl 键拖动时会改变色相。

在"色相 / 饱和度"对话框的"编辑"下拉列表中选择单一颜色后，"色相 / 饱和度"对话框的其他功能会被激活。

其中的各项含义如下：

● 吸管工具：可以在图像中选择具体编辑色调。

● 添加到取样：可以在图像中为已选取的色调再增加调整范围。

● 从取样中减去：可以在图像中为已选取的色调减少调整范围。

步骤03 调整完成单击"确定"按钮，至此本例制作完成，最终效果如图3-74所示。

图 3-74

技巧：打开素材，在"色相 / 饱和度"对话框中，单击 （拖动更改饱和度）按钮，使用鼠标在图像中取样，按住鼠标进行左右拖动即可更改该颜色区域对应的饱和度，向左降低饱和度，向右增加饱和度，如图 3-75 所示。

图 3-75

实例 34　为照片应用模板照片的色调

（实例思路） ---

　　不同的照片所具有的色调也不同，将照片放置到网页中时会发现不同的色调与网页的整体不太搭调，所以我们要将其统一成相同色调的多个照片，这个问题对于 Photoshop 来说一点都不难，只要找到需要的色调照片就可以使用"匹配颜色"命令来匹配多个照片，流程图如图 3-76 所示。

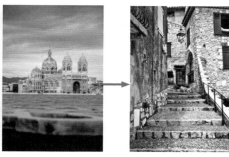

图 3-76

（实例要点） ---

▶ 使用"打开"命令　　　　　　　　　　　　▶ 使用"匹配颜色"命令

（操作步骤） ---

步骤 01　执行菜单栏中的"文件 | 打开"命令或按 Ctrl+O 组合键，打开随书附带的"素材 \ 第 3 章 \ 景色 1.jpg 和景色 2.jpg"素材，如图 3-77 所示。

步骤 02　选择"景色 1"素材，执行菜单栏中的"图像 | 调整 | 匹配颜色"命令，打开"匹配颜色"对话框，在"源"下拉列表中选择"景色 2"，再调整"图像选项"的参数，如图 3-78 所示。

图 3-77

图 3-78

其中的各项含义如下：

- 目标图像：当前打开的工作图像，其中"应用调整时忽略选区"复选框指的是在调整图像时会忽略当前选区的存在，只对整个图像起作用。
- 图像选项：调整被匹配图像的选项。
  - ◆ 明亮度：控制当前目标图像的明暗度。当数值为 100 时目标图像将会与源图像拥有一样的亮度；当数值变小图像会变暗；当数值变大图像会变亮。
  - ◆ 颜色强度：控制当前目标图像的饱和度，数值越大，饱和度越强。
  - ◆ 渐隐：控制当前目标图像的调整强度，数值越大调整的强度越弱。
  - ◆ 中和：选中该复选框可消除图像中的色偏。
- 图像统计：设置匹配与被匹配的选项。
  - ◆ 使用源选区计算颜色：如果在源图像中存在选区，选中该复选框，可使源图像选区中颜色计算调整，不选中该复选框，则会使用整幅图像进行匹配。
  - ◆ 使用目标选区计算调整：如果在目标图像中存在选区，选中该复选框，可以对目标选区进行计算调整。
  - ◆ 源：在下拉列表中可以选择用来与目标图像相匹配的源图像。
  - ◆ 图层：用来选择匹配图像的图层。
  - ◆ 载入统计数据：单击此按钮，可以打开"载入"对话框，找到已存在的调整文件。此时，无须在 Photoshop 中打开源图像文件，就可以对目标文件进行匹配。
- *存储统计数据：单击此按钮，可以将设置完成的当前文件进行保存。*

图 3-79

步骤 **03** 设置完成单击"确定"按钮，至此本例制作完成，最终效果如图 3-79 所示。

> **技巧**：在匹配图像时，如果使用图像的部分只在匹配源文件中的局部时，我们可以在图像中创建相应的选区，再对其进行颜色匹配，这样做会得到更加精确的匹配效果。

实例 35　替换孩子披肩的颜色

实例思路 --------------------------------------

　　照相时用来装饰的披肩也许只有一种颜色，下面使用 Photoshop 来为照相时的披肩变换几种颜色，流程图如图 3-80 所示。

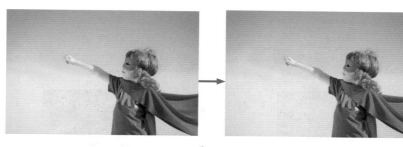

图 3-80

实例要点

▶ 使用"打开"命令打开素材图像　　　▶ 使用"替换颜色"调整命令

操作步骤

步骤 01 执行菜单栏中的"文件|打开"命令或按 Ctrl+O 组合键,打开随书附带的"素材\第 3 章\孩子照片 .jpg"素材,如图 3-81 所示。

步骤 02 执行菜单栏中的"图像|调整|替换颜色"命令,打开"替换颜色"对话框,如图 3-82 所示。

图 3-81

图 3-82

其中的各项含义如下:

● 本地化颜色簇:选中此复选框,设置替换范围会被集中在选取点的周围,对比效果如图 3-83 所示。

● 吸管工具:可以在图像中选择具体编辑色调。

● 颜色容差:用来设置被替换的颜色的选取范围。数值越大,颜色的选取范围就越广,数值越小,颜色的选取范围就越窄。

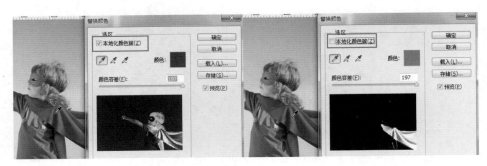

图 3-83

- 选区：选中该单选按钮，将在预览框中显示蒙版，未蒙版的区域显示白色，就是选取的范围，蒙版的区域显示黑色，就是未选取的区域，部分被蒙版区域（覆盖有半透明蒙版）会根据不透明度而显示不同亮度的灰色。
- 图像：选中该单选按钮，将在预览框中显示图像。
- 替换：用来设置替换后的颜色。

步骤03 选中"选区"单选按钮，选择 （吸管工具）在人物披肩上单击，然后在"替换"部分调整参数，最后设置"颜色容差"为197，如图3-84所示。

步骤04 设置完成单击"确定"按钮，即可得到替换后的效果，至此本例制作完成，最终效果如图3-85所示。

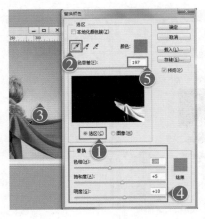

图 3-84

图 3-85

 实例 36 制作怀旧风格色调照片

(实例思路) ---

越来越多的人追求个性美，一张简单的数码照片并不能满足人们的审美标准，本例通过"变化"命令，将一张普通的数码照片打造成充满艺术特色的怀旧风格的照片，具体流程如图3-86所示。

图 3-86

实例要点

▶ 使用"打开"命令打开素材

▶ 使用"变化"命令调整图像

▶ 使用"色相／饱和度"命令增加亮度和对比度

▶ 使用"色彩平衡"命令调整图片的色调

操作步骤

步骤01 执行菜单栏中的"文件|打开"命令或按 Ctrl+O 组合键，打开随书附带的"素材\第 3 章\景色 3.jpg"素材，如图 3-87 所示。

步骤02 执行菜单栏中的"图像 | 调整 | 去色"命令或按 Ctrl+Shift+U 组合键，将素材调整成黑白效果，如图 3-88 所示。

图 3-87

图 3-88

步骤03 执行菜单栏中的"图像 | 调整 | 变化"命令，打开"变化"对话框，单击"加深黄色"和"加深红色"预览图标，调整后的效果如图 3-89 所示。

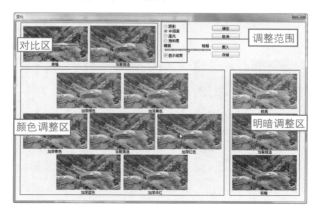

图 3-89

其中的各项含义如下：

● 对比区：此区用来查看调整前后的对比效果。

● 颜色调整区：单击相应的加深颜色，可以在对比区中查看效果。

● 明暗调整区：调整图像的明暗。

● 调整范围：用来设置图像被调整的固定区域。

　　◆ 阴影：选中该单选按钮，可调整图像中较暗的区域。

　　◆ 中间调：选中该单选按钮，可调整图像中中间色调的区域。

　　◆ 高光：选中该单选按钮，可调整图像中较亮的区域。

　　◆ 饱和度：选中该单选按钮，可调整图像中颜色饱和度。选中该单选按钮后，左下角的缩略图会变成只用于调整饱和度的缩览图，如果同时选中"显示修剪"复选框，当调整效果超出了最大的颜色饱和度时，颜色可能会被剪切并以霓虹灯效果显示图像，如图 3-90 所示。

　　　　减少饱和度　　　　　　　　　当前挑选　　　　　　　　　增加饱和度

图 3-90

● 精细 / 粗糙：用来控制每次调整图像的幅度，滑块每移动一格可使调整数量双倍增加。

● 显示修剪：选中该复选框，在图像中因过度调整而无法显示的区域以霓虹灯效果显示。在调整中间色调时不会显示出该效果。

> 提示：在"变化"对话框中设置"调整范围"为"中间调"时，即使选中"显示修剪"复选框，也不会显示无法调整的区域。

步骤 04 设置完成单击"确定"按钮，效果如图 3-91 所示。

步骤 05 在"图层"面板中单击 ◎（创建新的填充或调整图层）按钮，在弹出的菜单中选择"色相 / 饱和度"选项，打开"色相 / 饱和度"属性面板，其中的参数设置如图 3-92 所示。

图 3-91

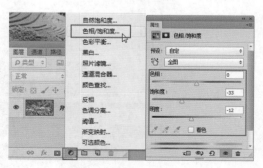

图 3-92

步骤 06 调整后的效果如图 3-93 所示。

步骤 07 在"图层"面板中单击 （创建新的填充或调整图层）按钮，在弹出的菜单中选择"色彩平衡"选项，打开"色彩平衡"属性面板，其中的参数设置如图 3-94 所示。

图 3-93

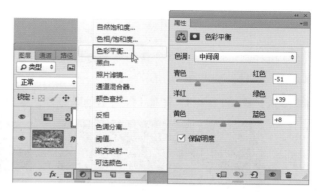

图 3-94

步骤 08 至此本例制作完成，最终效果如图 3-95 所示。

图 3-95

实例 37　图像的色调调整

实例思路

对于照片的色调调整可以改色、增加对比、提升像素的亮度，本例通过 Photoshop 将照片的像素亮度进行加强，具体操作流程如图 3-96 所示。

图 3-96

实例要点

▶ 使用"打开命令"打开素材

▶ 应用"自动颜色"命令

▶ 复制图层 　　　　　　　　▶▶ "反相"调整

▶ "曲线"调整 　　　　　　　▶ 设置"混合模式"和"不透明度"

（操作步骤）

步骤 01 执行菜单栏中的"文件|打开"命令或按Ctrl+O组合键,打开随书附带的"素材\第3章\景色4.jpg"素材,如图3-97所示。

步骤 02 执行菜单栏中的"图像|自动颜色"命令,效果如图3-98所示。

图 3-97

图 3-98

步骤 03 按Ctrl+J组合键复制"背景图层"得到"图层1",如图3-99所示。

步骤 04 执行菜单栏中的"图像|调整|曲线"命令,打开"曲线"对话框,其中的参数设置如图3-100所示。

图 3-99

图 3-100

步骤 05 设置完成单击"确定"按钮,效果如图3-101所示。

步骤 06 再执行菜单栏中的"图像|调整|反相"命令或按Ctrl+I组合键,将图像反相处理,效果如图3-102所示。

步骤 07 在"图层"面板中设置"图层1"的"混合模式"为"明度","不透明度"为42%,如图3-103所示。

步骤 08 至此本例制作完成,最终效果如图3-104所示。

图 3-101

图 3-102

图 3-103

图 3-104

本章习题与练习

练习

打开一张偏色照片，分别使用"色彩平衡""色阶"和"曲线"命令校正偏色。

习题

1. 在照片中寻找黑色、白色或灰色的区域时，例如人物的头发、白色衬衣、灰色路面、墙面等等，由于每个显示器的色彩都存在一些差异，所以我们最好使用（　　）面板来精确判断，再对其进行修正。

2. 在"色阶"对话框中调整出现问题时，按住 Alt 键单击对话框中（　　）按钮变为"复位"按钮即可还原为最初状态。

3. 在 Photoshop 中，除了使用"自然饱和度"命令可以增加或降低图像的饱和度，还可以使用（　　）调整命令。

　　A. 色相 / 饱和度　　　B. 阴影 / 高光　　　　C. 反相　　　　　　D. 去色

4. 下面（　　）命令能够将照片中的某个颜色变成另一种颜色。

　　A. 变化　　　　　　　B. 通道混合器　　　　C. 替换颜色　　　D. 匹配颜色

4

第4章

黑白照片的调整方法

黑白配堪称是最平常也是最经典的搭配，黑白照片能够营造特定的氛围，如今黑白照片也成了摄影师们钟爱的选择。本章将主要讲解黑白照片的处理方法和技巧，同时对黑白照片和彩色照片的转换方法进行相应的讲解。

本章内容

▶▶ 通过转换模式将彩色照片转换成黑白效果

▶▶ 通过降低饱和度制作黑白照片

▶▶ 分离通道制作黑白照片

▶▶ 使用通道混合器制作黑白照片

▶▶ 通过渐变映射制作黑白照片

▶▶ 计算命令制作黑白照片

▶▶ 黑白照片中的局部色彩

▶▶ 使用黑白命令制作单色格调照片

▶▶ 制作双色调照片

▶▶ 为黑白照片上色

▶▶ 使用照片滤镜制作单色照片

实例 38　通过转换模式将彩色照片转换成黑白效果

实例思路

　　"灰度"模式使用不同的灰度级，可以将照片直接转换成黑白照片，本例将原始彩色照片通过"灰度"模式转换为黑白照片，具体操作流程如图 4-1 所示。

图 4-1

实例要点

▶ 使用"打开"命令打开文件　　　　　　　▶ 转换成"灰度模式"

▶ 转换成"Lab 颜色"　　　　　　　　　　▶ "去色"命令的使用

操作步骤

步骤 01 执行菜单栏中的"文件|打开"命令或按 Ctrl+O 组合键，打开随书附带的"素材\第 4 章\街头照片 .jpg"素材，如图 4-2 所示。

步骤 02 执行菜单栏中的"图像 | 模式 | Lab 颜色"命令，将 RGB 颜色转换成 Lab 颜色，在"通道"面板中选择"明度"通道，如图 4-3 所示。

步骤 03 执行菜单栏中的"图像 | 模式 | 灰度"命令，此时会弹出如图 4-4 所示的警告对话框。

图 4-2

图 4-3

图 4-4

步骤 04 单击"确定"按钮，会将其他通道扔掉，将照片变为黑白效果，如图 4-5 所示。

图 4-5

技巧：打开素材后，直接执行菜单栏中的"图像 | 模式 | 灰度"命令，在弹出的"信息"
　　　对话框中直接单击"扔掉"按钮，可以直接将彩色照片变成灰度效果，如图 4-6
　　　所示。此时发现直接转换的照片比通过"Lab 颜色"转换的照片深色区域会更
　　　灰一些。

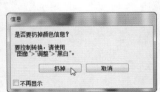

图 4-6

技巧：打开素材后，直接执行菜单栏中的"图像 | 调整 | 去色"命令，同样可以将彩色
　　　照片变成黑白效果，如图 4-7 所示。按 Shift+Ctrl+U 组合键直接对照片进行去色，
　　　可以达到同样的效果。

图 4-7

实例 39　通过降低饱和度制作黑白照片

实例思路

　　一些彩色照片在色彩等方面，细节部分并不是很明显，可以将彩色照片转换为黑白照片，增加图像的细节部分，从而更好地体现照片的意境，得到照片最终效果，具体流程如图 4-8 所示。

图 4-8

实例要点

▶▶ "打开"命令的使用　　　　　　　　　　▶▶ 使用"色相/饱和度"命令

▶▶ 使用"自然饱和度"命令

操作步骤

步骤01 执行菜单栏中的"文件|打开"命令，打开随书附带的"素材\第4章\美女照片.jpg"素材，将其作为背景，如图 4-9 所示。

步骤02 从打开的照片中不难看出照片的对比不是很强，首先先调整一下照片的对比。执行菜单栏中的"图像|调整|色阶"命令，打开"色阶"对话框，在"通道"中选择 RGB，向左拖动高光控制滑块，将其拖动到有像素分布的区域，如图 4-10 所示。

图 4-9　　　　　　　　　　图 4-10

步骤03 设置完成单击"确定"按钮，效果如图 4-11 所示。

步骤 04 执行菜单栏中的"图像 | 调整 | 自然饱和度"命令，打开"自然饱和度"对话框，将"饱和度"的控制滑块向左拖动到最左侧，将"自然饱和度"的控制滑块向右拖动，如图 4-12 所示。

步骤 05 设置完成单击"确定"按钮，至此本例制作完成，最终效果如图 4-13 所示。

图 4-11   图 4-12   图 4-13

> **技巧：** 在 Photoshop 中，能够通过降低"饱和度"将彩色照片变为黑白效果的命令还有"色相 / 饱和度"命令，如图 4-14 所示。
>
>
>
> 图 4-14

 实例 40   分离通道制作黑白照片

实例思路 -

在"通道"面板中使用"分离通道"命令可将拼合的图像分离成单独的图像。当需要在不能保留通道的文件格式中保留单个通道信息时，分离通道非常有用，处理流程如图 4-15 所示。

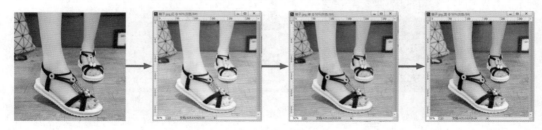

图 4-15

实例要点 -------------------------------

▶ "打开"命令的使用　　　　　　▶ 使用"分离通道"命令

▶ 使用"通道"面板

操作步骤 ----------------------------

步骤01 执行菜单栏中的"文件|打开"命令或按Ctrl+O组合键,打开随书附带的"素材\第4章\鞋子.jpg"素材,如图4-16所示。

步骤02 在"通道"面板中单击▼≡(弹出)按钮,在下拉列表中选择"分离通道"命令,如图4-17所示。

 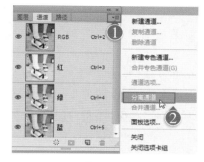

图 4-16　　　　　　　　　　　　　　　　　图 4-17

步骤03 执行"分离通道"命令后,会将"RGB颜色"单独分成R、G、B三个灰色图像,效果如图4-18所示。

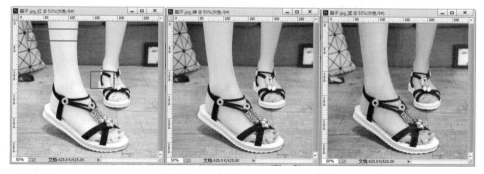

图 4-18

实例 41　使用通道混合器制作黑白照片

实例思路 -----------------------------

　　利用"通道混合器"可以创建高品质的灰度图像、棕褐色调图像或其他色调图像,也可以对图像进行创造性的颜色调整,操作流程如图4-19所示。

图 4-19

实例要点

▶▶ "打开"命令的使用　　　　　▶▶ "通道混合器"命令的使用

操作步骤

步骤 01 启动 Photoshop 软件，执行菜单栏中的"文件 | 打开"命令或按 Ctrl+O 组合键，打开随书附带的"素材 \ 第 4 章 \ 美女照片 2.jpg"素材，如图 4-20 所示。

步骤 02 执行菜单栏中的"图像 | 调整 | 通道混和器"命令，打开"通道混和器"对话框，如图 4-21 所示。

图 4-20　　　　　　　　　　　　　　　　图 4-21

步骤 03 在对话框中的"预设"下拉列表中包含 6 种预设黑白效果，如图 4-22 所示。

图 4-22

步骤 04 在"通道混和器"对话框中选中"单色"复选框,再调整参数如图 4-23 所示。

> 技巧: "通道混和器"命令只能作用于 RGB 和 CMYK 颜色模式,并且在执行该命令
> 之前必须先选中主通道,而不能先选中 RGB 或 CMYK 中的单一原色通道。

步骤 05 设置完成单击"确定"按钮,最终效果如图 4-24 所示。

图 4-23   图 4-24

实例 42 通过渐变映射制作黑白照片

实例思路

　　使用"渐变映射"命令可以将相等的灰度颜色进行等量递增或递减运算而得到渐变填充效果。如果指定双色渐变填充,图像中暗调映射到渐变填充的一个端点颜色,高光映射到渐变填充的另一个端点颜色,中间调映射为两种颜色混合的结果,通过"渐变映射"可以将图像映射为一种或多种颜色,操作流程如图 4-25 所示。

图 4-25

实例要点

▶▶ 打开文档   ▶▶ "渐变映射"调整

操作步骤

步骤 01 执行菜单栏中的"文件|打开"命令或按 Ctrl+O 组合键,打开随书附带的"素材\第4章\美女照片 3.jpg"素材,如图 4-26 所示。

步骤 02 按 Ctrl+J 组合键复制"背景"图层得到"图层 1"图层,如图 4-27 所示。

图 4-26   图 4-27

步骤 03 在英文状态下按 D 键,将前景色与背景色设置成默认的颜色,如图 4-28 所示。

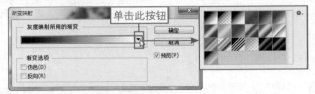

图 4-28

其中的各项含义如下:

● 灰度映射所用的渐变:单击渐变颜色条右边的倒三角形按钮,在打开的下拉列表中可以选择系统预设的渐变类型,作为映射的渐变色。单击渐变颜色条会弹出"渐变编辑器"对话框,在对话框中可以自己设定喜爱的渐变映射类型。

● 仿色:用来平滑渐变填充的外观并减少带宽效果。

● 反向:用于切换渐变填充的顺序。

步骤 04 设置完成单击"确定"按钮,至此本例制作完成,最终效果如图 4-29 所示。

图 4-29

技巧:使用"渐变映射"调整命令,可以将彩色照片打造成高对比度的黑白照片。"灰度映射所用的渐变"选项中的颜色,取决于前景色和背景色。

 实例 43 计算命令制作黑白照片

实例思路

使用"计算"命令可以混合两个来自一个或多个源图像的单个通道,从而得到新图像、新通道或当前图像的选区,本例就通过"计算"命令制作出一款黑白照片,操作流程如图 4-30 所示。

图 4-30

（实例要点）

▶▶ "打开"命令的使用　　　　　▶▶ "计算"命令的使用

（操作步骤）

步骤01 执行菜单栏中的"文件|打开"命令或按Ctrl+O组合键，打开随书附带的"素材\第4章\美女照片 4.jpg"文件，如图 4-31 所示。

步骤02 打开"通道"面板，选择"绿"通道，将其拖曳到 🔳（创建新通道）按钮上，得到"绿 拷贝"通道，如图 4-32 所示。

图 4-31

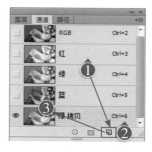

图 4-32

步骤03 执行菜单栏中的"图像|调整|亮度/对比度"命令，打开"亮度/对比度"对话框，其中的参数设置如图 4-33 所示。

步骤04 设置完成单击"确定"按钮，效果如图 4-34 所示。

步骤05 执行菜单栏中的"图像|计算"命令，打开"计算"对话框，其中的参数设置如图 4-35 所示。

图 4-33

图 4-34

图 4-35

其中的各项含义如下：

● 源：用来选择与目标图像相混合的源图像文件。

● 图层：如果源文件是多图层文件，则可以选择源图像中相应的图层作为混合对象。

● 通道：用来指定源文件参与计算的通道，在"计算"对话框中的"通道"下拉列表中
不存在复合通道。

● 反相：选中该复选框，可以在计算时使用蒙版通道内容的负片。

● 混合：设置图像的混合模式。

● 不透明度：设置图像混合效果的强度。

● 蒙版：可以应用图像的蒙版进行混合，选中该复选框，可以弹出蒙版设置。

　　◆ 图像：在下拉列表中选择包含蒙版的图像。

　　◆ 图层：在下拉列表中选择包含蒙版的图层。

● 结果：用来指定计算后出现的结果，包括新建文档、新建通道和选区。

　　◆ 新建文档：选择该项后，系统会自动生成一个多通道文档。

　　◆ 新建通道：选择该项后，在当前文件中新建 Alpha1 通道。

　　◆ 选区：选择该项后，在当前文件中生成选区。

步骤06 设置完成单击"确定"按钮，此时在"通道"面板中会多出一个Alpha1通道，如图4-36所示。

> **技巧**："计算"与"应用图像"都是通过"通道"进行调整，但它们存在着不同：
> "应用图像"命令可以使用复合通道进行运算，而"计算"命令只能对单一通道进行调整；
> "应用图像"命令的计算结果会被加到图像的图层上，而"计算"命令的结果将存储
> 为一个新的通道或建立一个新的文件。

步骤07 按Ctrl+A组合键全选，按Ctrl+C组合键复制，选择RGB通道，按Ctrl+V组合键粘贴图像，
得到"图层1"图层，至此本例制作完成，最终效果如图4-37所示。

图 4-36

图 4-37

实例44　黑白照片中的局部色彩

（**实例思路**）---

有时候黑白照片并不是很好看，可以通过 Photoshop 中的相关命令和工具保留照片的局部

色彩，使照片的对比更加强烈，本例通过"历史记录画笔工具"制作保留局部色彩的照片，具体流程如图 4-38 所示。

图 4-38

- ▶ "打开"命令的使用
- ▶ "去色"命令
- ▶ "历史记录画笔工具"的使用
- ▶ "历史记录"面板的使用

（操作步骤）

步骤 01　执行菜单栏中的"文件|打开"命令或按Ctrl+O组合键，打开随书附带的"素材\第4章\美女照片5.jpg"素材，如图4-39所示。

步骤 02　执行菜单栏中的"图像|调整|去色"命令或按 Shift+Ctrl+U 组合键去掉打开素材的颜色效果，如图4-40所示。

步骤 03　在工具箱中选择 ☑ （历史记录画笔工具），在照片中人物的嘴唇上进行涂抹，使其恢复颜色，如图4-41所示。

图 4-39　　　　　图 4-40　　　　　图 4-41

> 提示：☑ （历史记录画笔工具）的使用方法与 ☑ （画笔工具）都是绘画工具，只是需要结合"历史记录"面板才能更方便地发挥该工具功能，默认时该工具会恢复上一步的效果。

步骤04 再在人物的眼珠上进行涂抹，如图 4-42 所示。

步骤05 至此本例制作完成，最终效果如图 4-43 所示。

图 4-42   图 4-43

技巧： 如果对人物的局部颜色不满意，我们还可以通过"色相/饱和度"命令，只要调整"色相"就可以得到多个局部颜色，如图 4-44 所示。

图 4-44

技巧： 使用 ![icon]（历史记录画笔工具）结合"历史记录"面板可以很方便地恢复图像之前任意操作。![icon]（历史记录画笔工具）常用在为图像恢复操作步骤。执行菜单栏中的"窗口/历史记录"命令，即可打开"历史记录"面板，如图 4-45 所示。

图 4-45

其中的各项含义如下：

- 打开时的效果：显示最初打开时的文档效果。
- 创建的快照：用来显示创建快照的效果。
- 记录步骤：用来显示操作中出现的命令步骤，直接选择其中的命令就可以在图像中看到该命令得到的效果。
- 历史记录画笔源：在面板前面的图标上单击，可以在该图标上出现画笔图标，此图标出现在什么步骤前面，就表示该步骤为所有以下步骤的新历史记录源。此时结合 （历史记录画笔工具）就可以将图像或图像的局部恢复到出现画笔图标时的效果。
- 当前效果：显示选取步骤时的图像效果。
- 从当前状态创建新文档：单击此按钮，可以为当前操作出现的图像效果创建一个新的图像文件。
- 创建新快照：单击此按钮，可以为当前操作出现的图像效果建立一个照片效果存在面板中。

> 提示：在"历史记录"面板中新建一个执行到此命令时的图像效果快照，可以保留此状态下的图像不受任何操作的影响。

- 删除：选择某个状态步骤后，单击此按钮就可以将其删除；或直接拖动某个状态步骤到该按钮上，同样可以将其删除。

实例45 使用黑白命令制作单色格调照片

实例思路

使用"黑白"命令可以将图像调整为较艺术的黑白效果，也可以调整为不同单色的艺术效果，操作流程如图 4-46 所示。

图 4-46

实例要点

▶ "打开"命令的使用　　　　　　▶ "黑白"调整图层的使用

▶ "色阶"调整图层的使用

操作步骤

步骤01 执行菜单栏中的"文件 | 打开"命令或按 Ctrl+O 组合键，打开
随书附带的"素材\第 4 章\美女照片 6.jpg"素材，如图 4-47 所示。

步骤02 在"图层"面板中单击 ◢（创建新的填充或调整图层）按钮，
在弹出的菜单中选择"色阶"选项，如图 4-48 所示。

步骤03 在打开的"色阶"属性面板中设置"通道"为RGB，向右拖动"阴影"
控制滑块和"中间调"控制滑块，向左拖动"高光"控制滑块，如图 4-49
所示。

图 4-47

步骤04 调整完成后发现人物与背景之间的层次感已经加强，如图 4-50 所示。

图 4-48 　　　　　　　图 4-49 　　　　　　　图 4-50

步骤05 下面再对照片进行单色调整。在"图层"面板中单击 ◢（创建新的填充或调整图层）按钮，
在弹出的菜单中选择"黑白"选项，系统会打开"黑白"属性面板，其中的参数设置如图 4-51
所示。

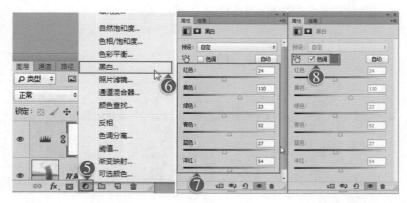

图 4-51

其中的各项含义如下：

● 颜色调整：包括对红色、黄色、绿色、青色、蓝色和洋红的调整，可以在文本框中
输入数值，也可以直接拖动控制滑块来调整颜色。

● 色调：选中该复选框，可以激活"色相"和"饱和度"来制作其他单色效果。

提示：在"黑白"面板中单击"自动"按钮，系统会自动通过计算对照片进行最佳状态的调整，对于初学者来说非常方便快捷。

步骤06 至此完成本例的制作，最终效果如图 4-52 所示。

图 4-52

实例 46 制作双色调照片

实例思路

平时看彩色照片多了，总会有一种将照片变成双色的艺术照片的冲动，但是艺术照片的拍摄对器材的要求非常高，那么我们不妨试试使用 Photoshop 来对已存在的彩色照片进行艺术处理。本例通过双色调模式制作双色调照片，操作流程如图 4-53 所示。

图 4-53

实例要点

▶▶ "打开"命令的使用　　　　　　　　▶ 将灰度照片转换成双色调

▶▶ 转换成灰度

操作步骤

步骤01 执行菜单栏中的"文件 | 打开"命令或按 Ctrl+O 组合键，打开随书附带中的"素材 \ 第 4 章 \ 花 .jpg"素材，将其作为背景，如图 4-54 所示。

步骤02 此时图像为"RGB 颜色模式"，执行菜单栏中的"图像 | 模式 | 灰度模式"命令，系统会弹出如图 4-55 所示的"信息"对话框。

步骤03 单击"扔掉"按钮，系统会自动将当前图片转换成灰度模式下的单色图像，如图 4-56 所示。

步骤04 执行菜单栏中的"图像 | 模式 | 双色调"命令，打开"双色调选项"对话框，设置"类型"

为"双色调"，分别单击"油墨 1"和"油墨 2"后面的颜色图标，在弹出的"拾色器"中将
其设置为"蓝色"和"绿色"，如图 4-57 所示。

图 4-54

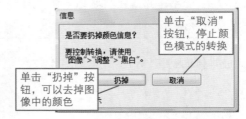

图 4-55

图 4-56

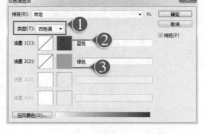

图 4-57

其中的各项含义如下：

● 预设：用来存储已经设定完成的双色调样式，在下拉列表中可以看到预设的选项。

● 预设选项：用来对设置的双色调进行储存或删除，还可以载入其他双色调预设样式。

提示：选取自行储存的双色调样式时，"删除当前预设"选项才会被激活。

● 类型：用来选择双色调的类型。

● 油墨：可根据选择的色调类型对其进行编辑，单击曲线图标会打开如图 4-58 所示的"双
色调曲线"对话框。通过拖动曲线来改变油墨的百分比；单击"油墨 1"后面的颜色
图标会打开如图 4-59 所示的"选择油墨颜色"对话框；单击"油墨 2"后面的颜色图
标会打开如图 4-60 所示的"颜色库"对话框。

● 压印颜色：相互打印在对方之上的两种无网屏油墨，单击"压印颜色"按钮会弹出如
图 4-61 所示的"压印颜色"对话框。在对话框中可以设置压印颜色在屏幕上的外观。

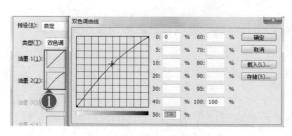

图 4-58

图 4-59

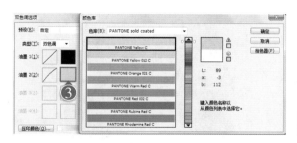

图 4-60

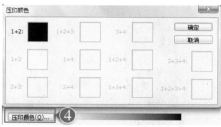

图 4-61

> 提示：在双色调模式的图像中，每种油墨都可以通过一条单独的曲线来指定颜色如何在阴影和高光内分布，它将使图像中的每个灰度值映射到一个特定的油墨百分比，通过拖动曲线或直接输入相应的油墨百分比数值，可以调整每种油墨的双色调曲线。

> 技巧：在"双色调选项"对话框中，当对自己设置的双色模式不满意时，只要按住键盘上的 Alt 键，即可将对话框中的"取消"按钮变为"复位"按钮，单击即可恢复最初状态。

> 技巧："双色调模式"只有图像为"灰度模式"时才能转换。图像转换成"灰度模式"后会自动将颜色扔掉，把图像变为黑白效果，再转换为"双色调模式"，来将灰度图像调整为双色效果。

步骤 05 设置完成单击"确定"按钮，即可完成图像的双色调效果，最终效果如图 4-62 所示。

图 4-62

实例 47　为黑白照片上色

（实例思路）--

　　没颜色的老照片或是使用黑白照相机拍摄的黑白照片，时间久了就会忘记当时的色彩，通常后悔当初为何不记录下原始的颜色，但是 Photoshop 可以对黑白的照片进行彩色还原，使其具有彩色效果。本例通过"色相 / 饱和度"命令来为黑白照片上色，操作流程如图 4-63 所示。

图 4-63

实例要点

▶▶ "打开"命令的使用
▶▶ "快速选择工具"的使用
▶▶ "色相 / 饱和度"调整图层的使用

操作步骤

步骤01 执行菜单栏中的"文件 | 打开"命令或按 Ctrl+O 组合键，打开随书附带中的"素材 \ 第 4 章 \ 黑白照片 .jpg"素材，如图 4-64 所示。

步骤02 选择 ▨（快速选择工具），在属性栏中单击 ▨（添加到选区）按钮，在人物的肌肤上进行拖动鼠标经过的位置，系统会自动生成选区，如图 4-65 所示。

图 4-64

图 4-65

步骤03 在"图层"面板中单击 ◑（创建新的填充或调整图层）按钮，在弹出的菜单中选择"色相 / 饱和度"选项，如图 4-66 所示。

步骤 04 打开"色相／饱和度"面板，选中"着色"复选框，设置"色相"为 19，"饱和度"为 28，"明度"为 0，如图 4-67 所示。

步骤 05 调整后的效果如图 4-68 所示。

图 4-66　　　　　　　　　图 4-67　　　　　　　　图 4-68

步骤 06 使用同样的方法对头发进行上色，如图 4-69 所示。

步骤 07 再使用同样的方法对裤子进行上色，如图 4-70 所示。

步骤 08 接着使用同样的方法对眼球进行上色，如图 4-71 所示。

图 4-69

图 4-70　　　　　　　　　　　　　图 4-71

步骤 09 再使用同样的方法对嘴唇进行上色，如图 4-72 所示。

步骤 10 使用同样的方法对衣服添加彩条，如图 4-73 所示。

图 4-72　　　　　　　　　　　　　图 4-73

步骤 11 最后使用同样的方法对衣服添加另一条彩条，如图 4-74 所示。

步骤 12 此时整个人物已经加色完成，对背景添加选区后调整一个颜色，最终效果如图 4-75 所示。

图 4-74

图 4-75

技巧：在 Photoshop 中除了使用"色相 / 饱和度"命令可以为黑白照片添加颜色，还可
以使用"色彩平衡""可选颜色""通道混合器""照片滤镜"等命令来进行上色，
也可以通过图层中的混合模式来进行上色。

实例 48　使用照片滤镜制作单色照片

实例思路

使用"照片滤镜"命令可以将图像调整为冷、暖色调，本实例通过"照片滤镜"命令将黑
白照片打造成单一色调的照片，虽然色彩上单一，但整体却另有一番味道，操作流程如图 4-76
所示。

图 4-76

实例要点

▶▶ "打开"命令的使用

▶▶ "去色"命令

▶▶ "照片滤镜"调整图层的使用

▶▶ "色相 / 饱和度"调整图层的使用

操作步骤

步骤01 执行菜单栏中的"文件|打开"命令或按 Ctrl+O 组合键，打开随书附带的"素材\第4章\景色.jpg"素材，如图4-77所示。

步骤02 执行菜单栏中的"图像|调整|去色"命令或按 Shift+Ctrl+U 组合键去掉素材的颜色，效果如图4-78所示。

步骤03 打开"图层"面板，单击 ◎（创建新的填充或调整图层）按钮，在弹出的菜单中选择"照片滤镜"

图 4-77　　　　　　图 4-78

选项，打开"照片滤镜"面板，其中的参数设置如图4-79所示。

其中的各项含义如下：

● 滤镜：选中此单选按钮，可以在右面的下拉列表中选择系统预设的冷、暖色调选项。

● 颜色：选中此单选按钮，可以单击后面的"颜色"图标，在弹出的"选择路径颜色拾色器"对话框中选择冷、暖色调的颜色。

● 浓度：用来调整应用到照片中的颜色数量，数值越大，色彩越接近饱和。

步骤04 调整后的照片已经赋予一种单色，如图4-80所示。

图 4-79　　　　　　　　　　图 4-80

步骤05 下面再对照片的饱和度进行调整。在"图层"面板中单击 ◎（创建新的填充或调整图层）按钮，在弹出的菜单中选择"色相/饱和度"选项，系统会打开"色相/饱和度"属性面板，其中的参数设置如图4-81所示。

步骤06 至此完成本例的制作，最终效果如图4-82所示。

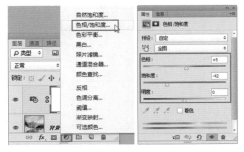 

图 4-81　　　　　　　　　　图 4-82

本章习题与练习

练习

打开文档，通过"分离通道"命令选择蓝通道的黑白图像。

习题

1. 在 Photoshop 中去色的是（　　）。

　　A. Alt+Q 组合键　　　　B. Shift+Ctrl+U 组合键　　　C. Shift+O 组合键　　　D. Tab+O 组合键

2. 在 Photoshop 中，"计算"命令不能生成的结果是（　　）。

　　A. 新建文档　　　　　　B. 新建通道　　　　　　　C. 选区　　　　　　　　D. 路径

3. "历史记录画笔工具"的使用方法与"画笔工具"都是绘画工具，只是需要结合下面（　　）面板才能更方便地发挥该工具功能，默认时该工具会恢复上一步的效果。

　　A. 历史记录　　　　　　B. 仿制源　　　　　　　　C. 画笔　　　　　　　　D. 图层

4. 在 Photoshop 中，"双色调模式"只有在（　　）才能转换。

　　A. 灰度模式　　　　　　B. 位图模式　　　　　　　C. RGB 模式　　　　　　D. CMYK 模式

5

第 5 章

照片中的瑕疵修复

拍摄照片时，受到外界环境的影响或是当时没有留意画面构图的角度，难免会把多余的景象摄入照片中，例如地面中的杂物、景点中的游客等。本章使用 Photoshop 软件除了可以处理画面中的杂物外，还可以消除相片中的污渍、老照片的划痕、照片中存在的日期等，以使图像更加完美。

本章内容

▶▶ 快速清除照片中的污渍　　▶▶ 清除照片中的日期

▶▶ 修复照片中的瑕疵　　　　▶▶ 修复泛黄老照片

▶▶ 修掉照片中的杂物　　　　▶▶ 修掉照片中的夹子

▶▶ 修除透视背景中的杂物　　▶▶ 修掉照片中的水印

实例 49　快速清除照片中的污渍

实例思路

　　小朋友在吃东西时难免会将油污沾到衣服上，如果此时照相就会将污渍一同拍摄，本例通过 Photoshop 快速将照片中的油渍进行消除，以恢复衣服本来的面目，具体操作流程如图 5-1 所示。

图 5-1

实例要点

▶ 打开文件

▶ "污点修复画笔工具"的使用

▶ "修复画笔工具"的使用

操作步骤

步骤01 执行菜单栏中的"文件 | 打开"命令或按 Ctrl+O 组合键，打开随书附带的"素材 \ 第 5 章 \ 污渍照片 .jpg"素材，从照片中看到孩子衣服上有 3 处污渍，如图 5-2 所示。

步骤02 先使用 ☑（污点修复画笔工具）修复头发下面和中间的污渍。在工具箱中选择 ☑（污点修复画笔工具），在属性栏中设置"模式"为"变亮"，选中"内容识别"单选按钮，如图 5-3 所示。

图 5-2

画笔取样器　　　　　　　　　　　　　　　　　　　　　　　　绘图板压力

图 5-3

其中的各项含义如下：

● 画笔取样器：用来设置画笔的大小、硬度、间距等操作。

● 模式：用来设置修复时的混合模式。选择"正常"模式，则修复图像像素的纹理、光照、透明度和阴影，与所修复图像边缘像素相融合；选择"替换"模式，则图像边缘的像素会替换掉修复区域；选择"正片叠底、滤色、变暗、变亮、颜色或明度"模式，则修复后的图像与原图会进行相应的混合效果。

- 近似匹配：选中"近似匹配"单选按钮，如果没有为污点建立选区，则样本自动采用污点外部四周的像素；如果在污点周围建立选区，则样本采用选区外围的像素。
- 创建纹理：选中"创建纹理"单选按钮，使用选区中的所有像素创建一个用于修复该区域的纹理，如果纹理不起作用，请尝试再次拖动该区域。
- 内容识别：该选项为智能修复功能，使用工具在图像中涂抹，鼠标经过的位置，系统会自动使用画笔周围的像素将经过的位置进行填充修复。
- 对所有图层取样：选中此复选框，会将图层中的多个图层看作是一个图层来进行操作。
- 绘图板压力：连接数位板后，启动此选项可以根据绘制的力度来调整压力。

> 提示：使用污点修复画笔工具修复图像时，最好将画笔调整得比污点大一些，如果修复区的边缘像素反差较大，建议在修复周围先创建选取范围再进行修复。

步骤03 在头发下部的污渍处按住鼠标拖动，将此处的污渍去除，如图 5-4 所示。

步骤04 再在中间的污渍上拖动鼠标，释放鼠标后污渍会被修复，如图 5-5 所示。

步骤05 再修复褶皱处的污渍。选择 ✏ （修复画笔工具），在衣服污渍边缘像素相近的位置按住 Alt 键单击进行取样，如图 5-6 所示。

图 5-4

图 5-5　　　　　　　　　　图 5-6

步骤06 在属性栏中设置"模式"为"变亮"，如图 5-7 所示。

忽略调整图层

图 5-7

- 模式：用来设置修复时的混合模式。如果选择"正常"模式，则使用样本像素进行绘画的同时把样本像素的纹理、光照、透明度和阴影与所修复的像素相融合；如果选择"替换"模式，则只用样本像素替换目标像素，且与目标位置没有任何融合。（也可以在修复前先建立一个选区，则选区限定了要修复的范围在选区内而不在选区外。）
- 取样：选中"取样"按钮，必须按 Alt 键单击取样并使用当前取样点修复目标。

- 图案：选中该单选按钮，可以在"图案"列表中选择一种图案来修复目标。
- 对齐：选中该复选框，只能用一个固定位置的同一图像来修复。
- 样本：选取复制图像时的源目标点。包括当前图层、当前图层和下面图层以及所有图层三种。
  - ◆ 当前图层：正在处于工作中的图层。
  - ◆ 当前图层和下面图层：处于工作中的图层和其下面的图层。
  - ◆ 所有图层：将多图层文件看作为单图层文件。
- 忽略调整图层：单击该按钮，在修复时可以将调整图层调整后的效果忽略，仿制的图像还是没调整之前的效果。

> 技巧：褶皱处的污渍，如果直接使用 ✎（污点修复画笔工具）修复的话，会出现污渍被修复了，但是褶皱也会消除。

> 技巧：如果想保留原图，我们修复图像时可以先新建一个空白图层，将修复的区域保留在新图层中。

步骤 07 使用 ✎（修复画笔工具）在污渍处反复拖动，如图 5-8 所示。

步骤 08 在污渍附近反复取样，对选取的污渍进行修复，修复过程如图 5-9 所示。

步骤 09 至此本例制作完成，最终效果如图 5-10 所示。

图 5-8

图 5-9

图 5-10

 实例 50　修复照片中的瑕疵

（实例思路） -

时间久了，照片可能会出现划痕或斑点，本例使用"修复画笔工具"来修复照片中的瑕疵，具体流程如图 5-11 所示。

图 5-11

实例要点

▶▶ "打开"命令的使用 ▶ 使用"修复画笔工具"修复瑕疵

操作步骤

步骤01 执行菜单栏中的"文件 | 打开"命令或按 Ctrl+O 组合键，打开随书附带的"素材文件 \ 第 5 章 \ 瑕疵照片 .jpg"素材，如图 5-12 所示。

步骤02 选择 ✎（修复画笔工具），在属性栏中设置"画笔"直径为 15，选中"取样"单选按钮，设置"模式"为"正常"，如图 5-13 所示。

图 5-12 图 5-13

步骤03 首先修复照片中面部的瑕疵，方法是将鼠标移到与面部瑕疵相同色调的位置，按住 Alt 键单击鼠标进行取样，如图 5-14 所示。

步骤04 然后在取样附近的瑕疵上单击，系统会自动将其修复，如图 5-15 所示。

步骤05 使用同样的方法，在面部不同位置取样，将该取样点边缘的瑕疵修复，如图 5-16 所示。

步骤06 最后，使用同样的方法将照片的背景和衣服进行修复。至此本例制作完成，最终效果如图 5-17 所示。

图 5-14 图 5-15 图 5-16 图 5-17

提示：在使用 （修复画笔工具）修复瑕疵照片时，太简洁的方法是没有的，只有通过细心地取样和修复，才能将有瑕疵的照片还原。

实例 51　修掉照片中的杂物

实例思路

在拍照时，如果没有掌握好拍摄角度或时间，会有一些外界的图像摄入到照片中，本例使用 Photoshop 快速修除图像中多余的杂物，操作流程如图 5-18 所示。

图 5-18

实例要点

▶▶ "打开"命令的使用　　　　　　▶▶ 使用"仿制图章工具"修除图像

操作步骤

步骤01 执行菜单栏中的"文件|打开"命令或按Ctrl+O组合键，打开随书附带的"素材\第5章\拖车.jpg"素材，照片的左下角出现了一个矿泉水瓶，右下角一处地面破损，本例将对这两个区域进行修除，如图 5-19 所示。

步骤02 首先先加强照片的对比效果，可以通过色阶对其进行调整。执行菜单中"图像|调整|色阶"命令，打开"色阶"对话框，选择"通道"为RBG，向右拖动"阴影"滑块，向左拖动"高光"滑块，如图 5-20 所示。

图 5-19

图 5-20

步骤 03 设置完成单击"确定"按钮，效果如图 5-21 所示。

步骤 04 下面开始修复图像，使用 ⬛（仿制图章工具）按住 Alt 键在矿泉水附近像素相近的位置单击进行取样，如图 5-22 所示。

图 5-21   图 5-22

步骤 05 取完样后在矿泉水瓶上按住鼠标拖动进行修复，如图 5-23 所示。

图 5-23

步骤 06 使用同样的方法将右边的破损路面进行修复，效果如图 5-24 所示。

步骤 07 至此本例制作完成，最终效果如图 5-25 所示。

图 5-24   图 5-25

技巧：如果照片的背景纹理较复杂时，使用 ⬛（仿制图章工具）修复图像就会出现瑕疵，此时可以使用 ✏（修复画笔工具）对图像中的杂物进行修除，然后会自动使用纹理对图像进行修整，✏（修复画笔工具）同样需要按住 Alt 键进行取样，最后对其进行修复，效果如图 5-26 所示。

图 5-26

实例 52　修除透视背景中的杂物

（实例思路） -

　　本例使用 Photoshop 对照片中的杂物进行修除，不同的是在透视图像中清除杂物，操作流程如图 5-27 所示。

图 5-27

（实例要点） -

▶ "打开"命令的使用　　　　　　　　　　▶ "消失点"滤镜命令的使用

（操作步骤） -

步骤01 启动 Photoshop 软件，执行菜单栏中的"文件 | 打开"命令或按 Ctrl+O 组合键，打开随书附带的"素材 \ 第 5 章 \ 消失点 .jpg"素材，从照片中发现地板上有一堆绳子和一个刷子，本例将修除这两个杂物，如图 5-28 所示。

步骤02 执行菜单栏中的"滤镜 | 消失点"命令，打开"消失点"对话框，使用 ▦（创建平面工具），在透视地面上单击创建透视平面，如图 5-29 所示。

图 5-28

图 5-29

其中的各项含义如下：

工具部分

- （编辑平面工具）：使用该工具可以对创建的平面进行选择、编辑、移动和调整大小，选择 （编辑平面工具）后，在对话框中的工具属性区将会出现"网格大小"和"角度"两个选项，如图 5-30 所示。

  网格大小： 100 ▼ 　 角度： 0 ▼

  图 5-30

  - ◆ 网格大小：用来控制透视平面中网格的密度。数值越小，网格越多。
  - ◆ 角度：在透视平面边缘上按住 Ctrl 键向外拖动，此时会产生另一个与之配套的透视平面，在"角度"对应的文本框中输入数值可以控制平面之间的角度。

- （创建平面工具）：使用该工具可以在预览编辑区的图像中单击创建平面的 4 个点，节点之间会自动连接成透视平面，在透视平面边缘上按住 Ctrl 键向外拖动，此时会产生另一个与之配套的透视平面。

> 提示：使用 （创建平面工具）创建平面时和使用 （编辑平面工具）编辑平面时，如果在创建或编辑的过程中节点连线成为"红色"或者"黄色"，此时的平面将是无效平面。

- （选框工具）：在平面内拖动可以创建选区，按 Alt 键拖动选区可以将选区内的图像复制到其他位置，复制的图像会自动生成透视效果；按 Ctrl 键拖动选区可以将选区停留的图像复制到选区停留位置内，选择 （选框工具）后，对话框中的工具属性区将会出现"羽化""不透明度""修复"和"移动模式"4 个选项，如图 5-31 所示。

  羽化： 1 ▼ 　 不透明度： 100 ▼ 　 修复： 关 ▼ 　 移动模式： 目标 ▼

  图 5-31

  - ◆ 羽化：设置选区边缘的平滑程度。
  - ◆ 不透明度：设置复制区域的不透明度。
  - ◆ 修复：用来设置复制后的混合处理。
  - ◆ 移动模式：设置移动选框复制的模式。

- （图章工具）：与工具箱中的 （仿制图章工具）用法类似，按住 Alt 键在平面内取样，松开后移动鼠标到需要覆盖的地方，然后按住鼠标拖动即可复制，复制的图像会自动调整所在位置的透视效果。选择 （图章工具）后，对话框中的工具属性区将会出现"直径""硬度""不透明度""修复"和"对齐"5 个选项，如图 5-32 所示。

  直径： 100 ▼ 　 硬度： 50 ▼ 　 不透明度： 100 ▼ 　 修复： 关 ▼ 　 ☑对齐

  图 5-32

  - ◆ 直径：设置图章工具的画笔大小。
  - ◆ 硬度：设置图章工具画笔边缘的柔和程度。
  - ◆ 不透明度：设置图章工具仿制区域的不透明度。

◆ 修复：用来设置复制后的混合处理。

◆ 对齐：选中该复选框，复制的区域将会与目标选取点处于同一直线，不选中该复选框，可以在不同位置复制多个目标点，复制的对象会自动调整透视效果。

● ✎（画笔工具）：使用该工具可以在图像内绘制选定颜色的画笔，在创建的平面内绘制的画笔会自动调整透视效果，选择✎（画笔工具）后，对话框中的工具属性区将会出现"直径""硬度""不透明度""修复"和"画笔颜色"5个选项，如图5-33所示。

直径: 100 ▼   硬度: 50 ▼   不透明度: 100 ▼   修复: 关 ▼   画笔颜色: ▮

图 5-33

◆ 画笔颜色：单击后面的颜色图标，可以打开"拾色器"对话框，在对话框中可以自行设置画笔颜色。

● ▦（变换工具）：可以对选区复制的图像进行调整变换，如图5-34所示。还可以变换复制到"消失点"对话框中的其他图像，如图5-35所示。使用▦（变换工具）可以直接将复制到"消失点"对话框中的图像拖动到多维平面内，并可以对其进行移动和变换，如图5-36所示。选择▦（变换工具）后，对话框中的工具属性区将会出现"水平翻转"和"垂直翻转"两个选项，如图5-37所示。

图 5-34   图 5-35   图 5-36

◆ 水平翻转：选中该复选框，可以将变换的图像水平翻转。

☐ 水平翻转   ☐ 垂直翻转

◆ 垂直翻转：选中该复选框，可以将变换的图像垂直翻转。

图 5-37

● ✐吸管工具：使用该工具在图像上单击，选取的颜色可作为画笔的颜色。

● 🔍缩放工具：用来缩放预览区的视图，在预览区内单击会将图像放大，按住Alt键单击鼠标会将图像缩小。

● ✋抓手工具：当图像放大到超出预览框时，使用抓手工具可以移动图像查看局部。

工具属性部分

● 选择某种工具后，在此处会显示该工具的属性设置。

预览部分

● 此处是用来显示原图像的预览区域，也是编辑区域。

显示比例部分

● 此处是用来显示预览区图像的缩放比例。

步骤03 平面创建完成后，使用"消失点"对话框中的▦（选框工具），在图像中杂物处创建透视选区，如图5-38所示。

步骤04 按住Ctrl键向纹理相近的透视处拖动，修复透视图像，如图5-39所示。

图 5-38　　　　　　　　　　　　　　图 5-39

步骤05 按Ctrl+D组合键去掉选区，再使用▉▉（选框工具）在刷子上创建选区，效果如图5-40所示。

步骤06 按住 Ctrl 键向纹理相近的透视处拖动，修复透视图像，效果如图 5-41 所示。

图 5-40　　　　　　　　　　　　　　图 5-41

步骤07 设置完成单击"确定"按钮，最终效果如图 5-42 所示。

> 技巧：在"消失点"对话框中创建平面后，使用▉（图章工具）也可以快速将透视图像进行修复，使用方法与工具箱中的▉（仿制图章工具）相同。

图 5-42

实例 53　清除照片中的日期

实例思路

现在的相机在拍摄照片时都会留下拍摄日期，本例讲解如何清除照片中的日期，操作流程如图 5-43 所示。

图 5-43

实例要点

▶▶ 打开文档　　　　　　　　　　　▶▶ "修补工具"的使用

操作步骤

图 5-44

步骤01 执行菜单栏中的"文件 | 打开"命令或按 Ctrl+O 组合键,打开随书附带的"素材 \ 第 5 章 \ 带日期的照片 .jpg"素材,如图 5-44 所示。下面就使用 Photoshop 快速修掉日期。

步骤02 选择 (修补工具),在其属性栏中设置"修补"为"内容识别","适应"为"中",在照片日期处绘制修补选区,如图 5-45 所示。

图 5-45

其中的各项含义如下:

● 源:指要修补的对象是现在选中的区域。

● 目标:与"源"相反,要修补的是选区被移动后到达的区域而不是移动前的区域。

● 透明:如果不选中该复选框,则被修补的区域与周围图像只在边缘上融合,而内部图像纹理保留不变,仅在色彩上与原区域融合;如果选中该复选框,则被修补的区域除边缘融合外,还有内部的纹理融合,即被修补区域好像做了透明处理,如图 5-46 所示。

图 5-46

- 使用图案：单击该按钮，被修补的区域将会以后面显示的
图案来修补，如图 5-47 所示。
- 自适应：用来设置修复图像边缘与原图的混合程度。

> 提示：使用 ▦（修补工具）时，只有创建完选区后，"使
> 用图案"选项才会被激活。

> 技巧：使用 ▦（修补工具）创建选区过程中起点和终点未
> 相交时，释放鼠标终点和起点会自动以直线的形式
> 创建封闭选区。

图 5-47

> 技巧：在使用 ▦（修补工具）修补图像时，可以使用其他的选区工具来创建选区，例
> 如 ▢（矩形选框工具）、▽（多边形套索工具）等。

步骤 03 修补选区创建完成后释放鼠标，将鼠标拖动到选区内，按住鼠标向沙滩处拖动，如
图 5-48 所示。

步骤 04 释放鼠标完成修补，如图 5-49 所示。

步骤 05 按 Ctrl+D 组合键去掉选区，完成本例的修整，最终效果如图 5-50 所示。

图 5-48   图 5-49   图 5-50

实例 54 修复泛黄老照片

实例思路

老照片会随着时间的推移而变得暗淡失色，这都是在拍摄中无法控制的，但是可以通过后
期的处理来修复老照片中出现的问题和缺陷，操作流程如图 5-51 所示。

图 5-51

实例要点

▶ "打开"命令的使用   ▶ "渐变映射"调整图层

▶ "减少杂色"滤镜命令的使用   ▶ "色阶"调整图层

操作步骤

步骤01 执行菜单栏中的"文件|打开"命令或按Ctrl+O组合键,打开随书附带的"素材\第5章\老照片.jpg"文件,如图5-52所示。

步骤02 执行菜单栏中的"滤镜|杂色|减少杂色"命令,打开"减少杂色"对话框,其中的参数设置如图5-53所示。

图 5-52

图 5-53

其中的各项含义如下:

● 强度:用于控制减少明亮杂色的强度。

● 保留细节:用来控制保留细节的量。

● 减少杂色:用来控制减少色差杂色的强度。

● 锐化细节:用来控制恢复微小细节而要应用的锐化的量。

● 移去JPEG不自然感:切换以移去JPEG压缩而产生的不自然块。

步骤03 设置完成单击"确定"按钮,效果如图5-54所示。

步骤04 在"图层"面板中单击 ◎ (创建新的填充或调整图层)按钮,在弹出的菜单中选择"渐变映射"选项,在"渐变映射"属性面板中选择"黑、白渐变",如图5-55所示。

步骤05 调整完成后效果如图5-56所示。

图 5-54

图 5-55   图 5-56

步骤06 在"图层"面板中单击 ◎（创建新的填充或调整图层）按钮，在弹出的菜单中选择"色阶"选项，在"色阶"属性面板中选择"通道"为 RBG，向右拖动"阴影"滑块，向左拖动"高光"滑块，如图 5-57 所示。

步骤07 至此本例制作完成，最终效果如图 5-58 所示。

图 5-57   图 5-58

实例 55　修掉照片中的夹子

（实例思路）

　　为网店商品拍照时，通常会因为选择的场景而需要用一些摄影布，这些布在拍摄时会使用一些夹子将其进行固定，本例使用 Photoshop 中的"填充"命令来去掉照片中多余的夹子，具体流程如图 5-59 所示。

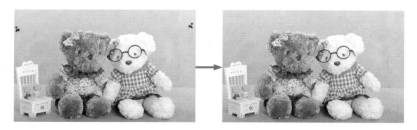

图 5-59

实例要点 ---

▶▶ "打开"命令的使用　　　　　　　▶▶ "填充"命令的使用

▶▶ "矩形选框工具"的使用

操作步骤 ---

步骤01 执行菜单栏中的"文件 | 打开"命令或按 Ctrl+O
组合键，打开随书附带的"素材 \ 第 5 章 \ 毛毛熊公仔 .jpg"
素材，在照片中可以非常清楚地看到多余的夹子，如
图 5-60 所示。

步骤02 使用 ▦ （矩形选框工具），在属性栏中单击 ◖◗（添
加到选区）按钮，在照片的夹子处绘制两个矩形选区，
如图 5-61 所示。

图 5-60

步骤03 执行菜单栏中的"编辑 | 填充"命令，打开"填充"对话框，在"使用"下拉列表中选
择"内容识别"选项，其他参数不变，如图 5-62 所示。

图 5-61

图 5-62

其中的各项含义如下：

● 内容：用来填充前景色、背景色或图案的区域。

● 使用：在下拉列表中选择填充选项，其中"内容识别"选项主要是对图像中的多余部
　　　　分进行快速修复（例如草丛中的杂物、背景中的人物等），如图 5-63 所示。

图 5-63

● 自定图案：用于填充图案，在"使用"下拉列表中选择"图案"时该选项被激活，在"自
　　　　　　定图案"中可以选择填充的图案，如图 5-64 所示。

图 5-64

● 混合：用来设置填充内容、源图像混合模式以及不透明度等。

● 模式：用来设置填充内容与源图像的混合模式，在下拉列表中可以选择相应的混合模式。

● 不透明度：用于设置填充内容的不透明度。

● 保留透明区域：选中此复选框，填充时只对选区或图层中有像素的部分起作用，空白处不会被填充，如图 5-65 所示。

图 5-65

● 脚本图案：选中此复选框，下面的脚本会被激活，填充方法是按照脚本内容将当前选择的图案进行脚本分析后进行的图案填充。在下拉列表中我们可以看到具体填充样式，其中包括：砖形填充、十字线织物、随机填充、螺线和对称填充。该功能可以通过对背景区域的像素分析进行特定的填充，如图 5-66 所示。

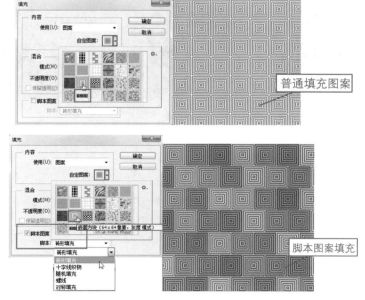

图 5-66

> 提示：如果图层中或选区中的图像存在透明区域，那么在"填充"对话框中，"保留透明区域"复选框将会被激活。

步骤04 设置完成单击"确定"按钮，按 Ctrl+D 组合键去掉选区。至此，本例制作完成，最终效果如图 5-67 所示。

图 5-67

实例 56　修掉照片中的水印

实例思路

应用到网店的照片通常都会加上水印，以此来防止照片被盗用，如果本人忘记留原照片，但还想再次使用此照片时，就需要来将此水印修掉，本例讲解使用 Photoshop 修掉水印的方法，操作流程如图 5-68 所示。

图 5-68

实例要点

▶ "打开"命令的使用　　　　　　　　　　▶ "修复画笔工具"的使用

操作步骤

步骤01 执行菜单栏中的"文件|打开"命令或按Ctrl+O组合键，打开随书附带的"素材\第5章\水

印照片 .jpg" 素材，如图 5-69 所示。

步骤 02 选择 🖌 （修复画笔工具），在属性栏中设置"画笔"直径为 19，"模式"为"正常"，选中"取样"单选按钮，按住 Alt 键在水印下面的蓝条边缘处单击进行取样，如图 5-70 所示。

图 5-69

图 5-70

提示：使用 🖌（修复画笔工具）修复图像，取样时最好按照被修复区域应该存在的像素，在被修复附近进行取样最好，这样更能将图像修复得好一些。

步骤 03 取样完成后将鼠标移到水印文字上，按住鼠标拖动覆盖整个文字区域，反复取样对水印进行修复，过程如图 5-71 所示。

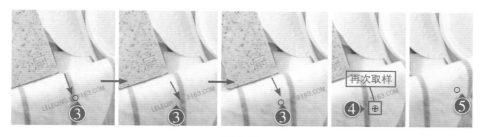

图 5-71

步骤 04 使用同样的方法，将修复后产生的边缘再进一步修复，使图像看起来更加完美，最终效果如图 5-72 所示。

图 5-72

本章习题与练习

练习

打开一张有日期的照片，分别使用"修补工具""修复画笔工具"修掉照片中的日期。

习题

1. 在 Photoshop 中，可以通过直接涂抹就可以修复图像的工具是（ ）。

　　A. 污点修复画笔　　　　B. 修复画笔工具　　　C. 修补工具　　　D. 仿制图章工具

2. 在 Photoshop 中，当"修复画笔工具"在属性栏中的"模式"选择"替换"时，修复图像时相当于（ ）。

　　A. 污点修复画笔　　　　B. 修复画笔工具　　　C. 修补工具　　　D. 仿制图章工具

3. 在污点区域创建选区后，可以通过"填充"命令中的（ ）功能来修复此区域。

　　A. 内容识别　　　　　　B. 50% 灰　　　　　　C. 混合模式　　　D. 脚本

6

第6章

人物照片的调整与修饰

随着时代的发展，数码相机与智能手机越来越普及，更带来了数码照片的大众化和普遍化，但如何使拍摄的照片更加完美呢？本章就针对人物主题照片展开调整与修饰。

本章内容

实例 57　修复人物面部的痘痘

实例思路

　　由于处于青春期的年龄，所以会难免在脸上生出小痘痘，此时如果赶上拍照，照出的相片会因为脸上的小痘痘而不愿意拿出来给别人看，下面就使用 Photoshop 软件快速去除脸上的痘痘，具体操作流程如图 6-1 所示。

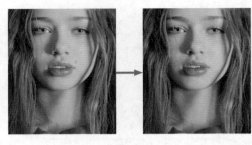

图 6-1

实例要点

▶ 打开文件　　　　　　　　　　　　▶ "修补工具"的使用
▶ "污点修复画笔工具"的使用

操作步骤

步骤 01 执行菜单栏中的"文件|打开"命令或按 Ctrl+O 组合键，打开随书附带的"素材\第6章\美女 01.jpg"素材，照片中人物脸上有两颗痘痘，如图 6-2 所示。

步骤 02 选择 ☑（污点修复画笔工具），设置画笔"直径"为 15、"硬度"为 50%、"间距"为 25%、"角度"为 0°、"圆度"为 100%，设置"模式"为"正常"、选中"内容识别"单选按钮，如图 6-3 所示。

图 6-2

图 6-3

步骤 03 使用 ☑（污点修复画笔工具）在痘痘上单击，修复过程如图 6-4 所示。

图 6-4

步骤④ 再在另一个痘痘上按住鼠标涂抹，释放鼠标后痘痘会被修复，最终效果如图 6-5 所示。

涂抹

图 6-5

技巧：对于修复小面积的污点或痘痘，还可以使用 ◉ （修补工具）对其进行修复，过程如图 6-6 所示。

创建选区

移动选区

修复后

图 6-6

实例 58　修复照片中人物头上的伤疤

（实例思路）

如果照片中有疤痕，就需要将其修掉，以使照片更加完美。本例使用 Photoshop 快速修掉照片中人物头上的疤痕，具体流程如图 6-7 所示。

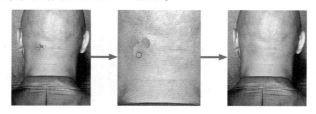

图 6-7

（实例要点）

▶ "打开"命令的使用　　　　　　　　　▶ 使用"修复画笔工具"修复疤痕

▶ 使用"污点修复画笔工具"修复小疤痕

（操作步骤）

步骤① 执行菜单栏中的"文件 | 打开"命令或按 Ctrl+O 组合键，打开随书附带的"素材 \ 第 6

章\伤口照片 .jpg"素材,如图 6-8 所示。

步骤02 在工具箱中选择 🖉（污点修复画笔工具），设置画笔"直径"为 15、"硬度"为 50%、"间距"为 25%、"角度"为 0°、"圆度"为 100%，设置"模式"为"正常"、选中"内容识别"单选按钮，在照片中的疤痕上单击，如图 6-9 所示。

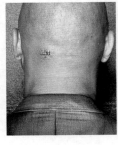
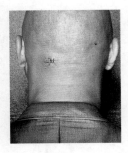

图 6-8   图 6-9

步骤03 在疤痕上单击，将其全部修复，如图 6-10 所示。

步骤04 再在工具箱中选择 🖉（修复画笔工具），在属性栏中设置"模式"为"正常"，将"源"选中"取样"单选按钮，使用 🖉（修复画笔工具）在头部对称的位置上按住 Alt 键进行取样，如图 6-11 所示。

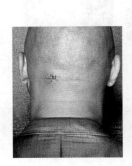
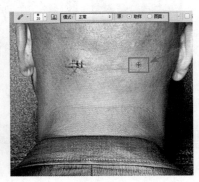

图 6-10   图 6-11

步骤05 取样后松开 Alt 键，拖动鼠标在疤痕处涂抹，将其进行修复，如图 6-12 所示。

步骤06 在头部再次进行取样，修复没有修好的区域，如图 6-13 所示。

步骤07 修复后的最终效果如图 6-14 所示。

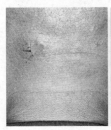
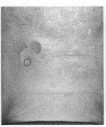
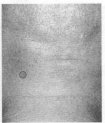

图 6-12

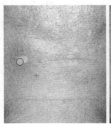
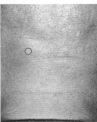
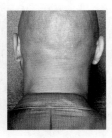

图 6-13   图 6-14

实例 59　去掉人物面部的雀斑

实例思路

　　由于年龄的增长或自身的原因，也许您的脸上会出现一些黑斑，此时的照片您会羞于视人，本例使用 Photoshop 在短短几分钟就会轻松去除照片中的黑斑，还您一张亮丽而青春的脸，操作也非常简单，操作流程如图 6-15 所示。

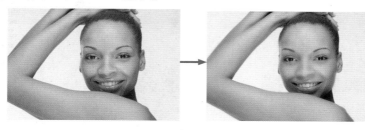

图 6-15

实例要点

▶ 打开文档　　　　　　　　　　　　　▶ "高斯模糊"滤镜

▶ "污点修复画笔工具"修复大雀斑　　　▶ 历史记录画笔工具

操作步骤

步骤01　执行菜单栏中的"文件|打开"命令或按 Ctrl+O 组合键，打开随书附带的"素材\第 6 章\雀斑照片 .jpg"素材，如图 6-16 所示。

步骤02　选择（污点修复画笔工具），在属性栏中设置"模式"为"正常"，选中"内容识别"单选按钮，在脸上雀斑较大的位置单击，对其进行初步修复，如图 6-17 所示。

步骤03　执行菜单栏中的"滤镜|模糊|高斯模糊"命令，打开"高斯模糊"对话框，设置"半径"为 7.0，如图 6-18 所示。

图 6-16

图 6-17

图 6-18

步骤 04 设置完成单击"确定"按钮，效果如图 6-19 所示。

步骤 05 选择 ，在属性栏中设置"不透明度"为 38%、"流量"为 38%。执行菜单栏中的"窗口 | 历史记录"命令，打开"历史记录"面板，在面板中"高斯模糊"步骤前单击调出恢复源，再选择最后一个"污点修复画笔"选项，使用 在人物的面部涂抹，效果如图 6-20 所示。

图 6-19   图 6-20

> 提示：在使用 恢复某个步骤时，将"不透明度"与"流量"
> 设置得小一些，可以避免恢复过程中出现较生硬效果，并且可以在同一点进行
> 多次的涂抹修复，而不会对图像造成太大的破坏。

步骤 06 使用 在人物面部需要美容的位置进行涂抹，可以在同一位置进行多次涂抹，恢复过程如图 6-21 所示。

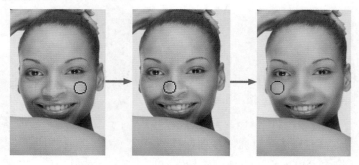

图 6-21

步骤 07 在人物的皮肤上进行精心的涂抹，直到自己满意为止，效果如图 6-22 所示。

步骤 08 面部雀斑修正完成后，再对人物的肤色增加一些红润度，执行菜单栏中的"图像 | 调整 | 色阶"命令，打开"色阶"对话框，其中的参数设置如图 6-23 所示。

步骤 09 设置完成单击"确定"按钮，至此本例制作完成，最终效果如图 6-24 所示。

图 6-22   图 6-23   图 6-24

实例 60 磨平面部细纹

实例思路

　　时间不会停止，所以人的年龄也会不断地增加，脸上的皮肤也会变得粗糙，而且还会出现细纹，本例就为大家讲解磨平面部细纹的方法，还您光滑的肌肤，操作流程如图 6-25 所示。

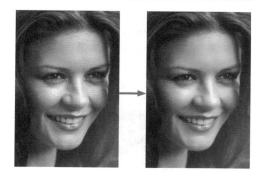

图 6-25

实例要点

▶▶ "打开"命令的使用　　　　　　　▶▶ 添加图层蒙版

▶▶ "高斯模糊"命令　　　　　　　　▶▶ "画笔工具"编辑蒙版

操作步骤

步骤01 执行菜单栏中的"文件 | 打开"命令或按 Ctrl+O 组合键，打开随书附带的"素材\第 6 章\细纹皮肤 .jpg"素材，如图 6-26 所示。

步骤02 按 Ctrl+J 组合键，在"图层"面板中复制"背景"图层，得到"图层 1"图层，如图 6-27 所示。

步骤03 执行菜单栏中的"滤镜 | 模糊 | 高斯模糊"命令，打开"高斯模糊"对话框，设置"半径"为 4.8，如图 6-28 所示。

步骤04 设置完成单击"确定"按钮，效果如图 6-29 所示。

图 6-26

图 6-27

图 6-28

图 6-29

步骤05 单击"图层"面板中的 （添加图层蒙版）按钮，为图层 1 添加蒙版，使用 （画笔工具）在图像的头发、嘴唇、眼睛、眉毛等处涂抹黑色，设置"不透明度"为 80%，效果如图 6-30 所示。

> 技巧：为模糊图层设置不透明度的好处是，可以更加真实地体现出皮肤的纹理，不会让皮肤过平过细。

步骤06 涂抹后的蒙版效果如图 6-31 所示。

步骤07 至此本例制作完成，最终效果如图 6-32 所示。

图 6-30　　　　　　　　　　　图 6-31　　　图 6-32

实例 61　人物皮肤美白技法 1

实例思路

在现实生活中如果对嫩化肌肤的手术信不过，但又想知道美容后的效果，本例通过 Photoshop 来对照片进行美容，来享受一次自己做美容的成功感，又不会对自身造成伤害，操作流程如图 6-33 所示。

图 6-33

实例要点

▶ 打开文档　　　　　　　　　　　▶ "修补工具"的使用

▶ "椭圆选框工具"的使用　　　　　▶ 复制图层

▶▶ 添加图层蒙版　　　　　　　　　　▶▶ "渐变工具"的使用

▶▶ "画笔工具"编辑蒙版　　　　　　　▶▶ "橡皮擦工具"的使用

（操作步骤）--

步骤01 执行菜单栏中的"文件|打开"命令或按Ctrl+O组合键，打开随书附带的"素材\第6章\美女 02.jpg"素材，如图6-34所示。

步骤02 下面对美女下巴处的几颗黑斑点进行修复。选择 ◯ （椭圆选框工具）在属性栏中单击 ◑ （添加到选区）按钮，使用 ◯ （椭圆选框工具）在斑点上创建3个椭圆选区，如图6-35所示。

图 6-34　　　　　　　　　　图 6-35

步骤03 选择 ▣ （修补工具），在属性栏中设置"修补"为"内容识别"，拖动选区到肌肤相近且没有斑点的地方，释放鼠标系统会自动进行修补，如图6-36所示。

步骤04 按Ctrl+D组合键去掉选区，下面再对人物的面部进行美白处理。在"图层"面板中拖动"背景"图层到 ▣ （创建新图层）按钮上，得到"背景 拷贝"图层，如图6-37所示。

图 6-36　　　　　　　　　　图 6-37

步骤05 在"图层"面板中设置"混合模式"为"线性减淡"，"不透明度"为46%，效果如图6-38所示。

步骤06 复制"背景"图层，得到"背景 拷贝2"图层，并将其拖动到最顶层，再单击 ▣ （添加图层蒙版）按钮，在"背景 拷贝2"图层中会出现一个空白蒙版缩览图，效果如图6-39所示。

> **技巧**：在"图层"面板中直接单击 ◨（添加图层蒙版）按钮，可以为图层添加一个显示全部的图层蒙版；按住 Alt 键单击 ◨（添加图层蒙版）按钮，可以为图层添加一个隐藏全部的图层蒙版；按住 Ctrl+Alt 组合键单击 ◨（添加图层蒙版）按钮，可以为当前图层添加一个矢量蒙版。

图 6-38

图 6-39

步骤07 将"前景色"设置为黑色，选择 ▱（画笔工具），在属性栏中设置"不透明度"为46%、"流量"为48%，设置相应的画笔直径和硬度后，在图像中的人物皮肤上进行涂抹，效果如图 6-40 所示。

步骤08 复制"背景 拷贝 2"图层，得到"背景 拷贝 3"图层，并将"不透明度"设置为20%，如图 6-41 所示。

图 6-40

图 6-41

步骤09 下面再对整个图像进行整体的加工。新建"图层 1"图层，选择 ▱（渐变工具），在"渐变拾色器"中选择"色谱"，设置"渐变样式"为"线性渐变"，从图像上方向下拖动填充渐变色，如图 6-42 所示。

步骤10 设置"混合模式"为"柔光"，设置"不透明度"为25%，如图 6-43 所示。

步骤11 选择 ▱（橡皮擦工具），擦除图像中的人物部分，效果如图 6-44 所示。

步骤12 至此本例制作完成，最终效果如图 6-45 所示。

图 6-42

图 6-43

图 6-44

图 6-45

实例 62 人物皮肤美白技法 2

实例思路

　　拥有白嫩的肌肤是当今女孩梦寐以求的事，自身条件不好的女孩只能通过化妆来实现，本例只需要挑选一张自己喜欢的照片，通过美容大师 Photoshop 软件，在短短的几分钟之内就能得到美白效果，操作流程如图 6-46 所示。

图 6-46

实例要点

▶▶ "打开"命令的使用　　　　　　▶▶ 添加图层蒙版

▶▶ "去色"命令　　　　　　　　　▶▶ "色调分离"面板

▶▶ "叠加"混合模式　　　　　　　▶▶ "柔光"混合模式

操作步骤

步骤01 执行菜单栏中的"文件|打开"命令或按Ctrl+O组合键,打开随书附带的"素材\第6章\美女 03.jpg"素材,如图6-47所示。

步骤02 下面对模特进行美白肌肤的处理。复制"背景"图层,得到"背景 拷贝"图层,执行菜单栏中的"图像|调整|去色"命令或按Shift+Ctrl+U组合键,将该图层中的图像去掉颜色,如图6-48所示。

图 6-47 图 6-48

步骤03 设置"混合模式"为"叠加",设置"不透明度"为44%,单击 (添加图层蒙版)按钮,为"背景 拷贝"图层添加图层蒙版,使用 (画笔工具)在图像中涂抹除人物以外的区域,效果如图6-49所示。

步骤04 在"图层"面板中单击 (创建新的填充或调整图层)按钮,在弹出的菜单中选择"色调分离"选项,打开"色调分离"面板,设置"色阶"为15,如图6-50所示。

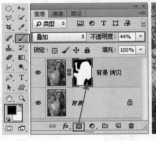

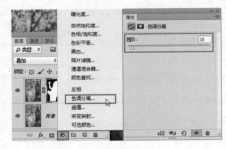

图 6-49 图 6-50

步骤05 设置完成后效果如图6-51所示。

步骤06 设置"混合模式"为"柔光",设置"不透明度"为40%,如图6-52所示。

步骤07 至此本例制作完成,最终效果如图6-53所示。

图 6-51 图 6-52 图 6-53

实例 63　去除人物的眼袋

（实例思路）

由于年龄的增长，也许您的眼睛下方会出现眼袋，眼角处会出现皱纹，本例使用 Photoshop 软件来修复照片中的眼袋以及法令纹，具体流程如图 6-54 所示。

图 6-54

（实例要点）

▶ "打开"命令的使用　　　　　　　　　▶ 设置"混合模式"为"滤色"

▶ "修复画笔工具"的使用　　　　　　　▶ 调整不透明度

▶ 复制图层

（操作步骤）

步骤01 执行菜单栏中的"文件 | 打开"命令或按 Ctrl+O 组合键，打开随书附带的"素材 \ 第 6 章 \ 美女 04.jpg"素材，从照片中可以非常清楚地看到美女的下眼袋和法令纹，如图 6-55 所示。

步骤02 下面对眼袋以及法令纹进行修复。选择工具箱中的 （修复画笔工具），在眼袋周围肤色较近的位置上按住 Alt 键单击进行取样，如图 6-56 所示。

图 6-55

步骤03 取样完成后，在属性栏中设置画笔的"直径"为 37 像素、"硬度"为 0%、"间距"为 25%、"角度"为 0°、"圆度"为 100%，设置"模式"为"替换"，选中"取样"单选按钮，如图 6-57 所示。

图 6-56

图 6-57

技巧：使用 ✐（修复画笔工具）修照片上的眼袋时，画笔的硬度最好设置小一点，这样画笔边缘会融合的更好一些。

步骤 04 然后在右边眼睛眼袋或眼角纹上进行涂抹，修复过程如图 6-58 所示。

图 6-58

步骤 05 使用同样的方法再对左边的眼睛周围进行修复，效果如图 6-59 所示。

步骤 06 按住 Alt 键，使用 ✐（修复画笔工具）在法令纹边缘处取样，在属性栏中设置"模式"为"正常"，然后对法令纹进行清除，过程如图 6-60 所示。

图 6-59

图 6-60

步骤 07 在未清除的区域边缘继续取样再修复，修复后的效果如图 6-61 所示。

步骤 08 使用同样的方法将另一侧的法令纹清除，效果如图 6-62 所示。

图 6-61　　　　　　　　　　图 6-62

步骤 09 最后调整照片的亮度。复制"背景"图层，得到一个"背景 拷贝"图层，设置"混合模式"为"滤色"，设置"不透明度"为 34%，至此本例制作完成，最终效果如图 6-63 所示。

图 6-63

实例 64　去除照片中的红眼

(实例思路) ---

　　拍照时如果场景过暗，相片就会出现红眼效果，看起来非常不自然，本例使用 Photoshop 软件来讲解快速清除照片中红眼效果的方法，操作流程如图 6-64 所示。

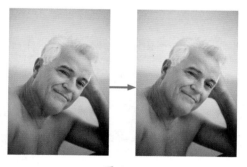

图 6-64

(实例要点) --

▶　"打开"命令的使用　　　　　　　　▶　"红眼工具"的使用

(操作步骤) ---

步骤01 执行菜单栏中的"文件|打开"命令或按 Ctrl+O 组合键，打开随书附带的"素材\第6章\红眼.jpg"素材，如图 6-65 所示。

步骤02 下面就对照片中的红眼进行修复。在工具箱中选择（红眼工具），在属性栏中设置"瞳孔大小"为 5%、"变暗量"为 5%，如图 6-66 所示。

图 6-65　　　　　　　　　　　图 6-66

其中的各项含义如下：

● 瞳孔大小：用来设置眼睛的瞳孔或中心的黑色部分的比例大小，数值越大，黑色范围越广。

● 变暗量：用来设置瞳孔的变暗量，数值越大越暗。

步骤 03 使用 （红眼工具）在瞳孔上单击，即可清除照片中的红眼，清除过程如图 6-67 所示。

提示：根据清除红眼的范围大小，可以在属性栏中相应的更改"瞳孔大小"与"变暗量"的数值。

步骤 04 使用同样的方法在另一只眼睛上单击清除红眼，最终效果如图 6-68 所示。

图 6-67　　　　　　　　　　图 6-68

技巧：如果您的 Photoshop 版本较低，没有 （红眼工具），那么您可以在要调整的区域创建选区，再通过"色相/饱和度"命令对其进行调整。

实例 65　加密睫毛与眉毛

实例思路

也许您本身睫毛与眉毛就比较淡，在照相时又忘记了化妆，此时拍出的照片就会显得眉毛较淡、睫毛较少或较短,本例使用美容大师 Photoshop 进行简单的几步操作,就可以将眉毛加密、睫毛变浓,操作流程如图 6-69 所示。

图 6-69

(操作步骤)

步骤01 执行菜单栏中的"文件|打开"命令或按 Ctrl+O 组合键,打开随书附带的"素材\第 6 章\美女 05.jpg"素材,如图 6-70 所示。

步骤02 首先制作睫毛。使用 (多边形套索工具),设置"添加到选区"模式,在人物的眼睛周围创建两个不规则选区,如图 6-71 所示。

图 6-70   图 6-71

步骤03 按 Ctrl+J 组合键得到"图层 1"图层,设置"混合模式"为"正片叠底",效果如图 6-72 所示。

步骤04 在"图层"面板中按住 Alt 键单击 (添加图层蒙版)按钮,此时会在"图层 1"图层中添加一个隐藏全部的图层蒙版,如图 6-73 所示。

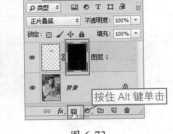

图 6-72

图 6-73

步骤05 选择 ✐（画笔工具），按 F5 键打开"画笔"面板并设置相应的参数，如图 6-74 所示。

步骤06 设置完画笔后，将"前景色"设置成"白色"，使用 ✐（画笔工具）在眼睛周围进行涂抹，效果如图 6-75 所示。

步骤07 在眼睛周围不同位置进行涂抹，使其产生睫毛效果，涂抹过程如图 6-76 所示。

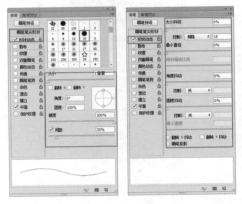

图 6-74

图 6-75

图 6-76

提示：如果想让睫毛变得更黑一些，可以将图层缩览图中的图像调的暗一些。

步骤08 使用同样的方法将另一只眼睛也添加睫毛，效果如图 6-77 所示。

步骤09 为美女加深眉毛。选择背景图层，使用 ▽（多边形套索工具）围绕眉毛创建选区，如图 6-78 所示。

步骤10 按 Ctrl+J 组合键得到"图层 2"图层，设置"混合模式"为"正片叠底"，效果如图 6-79 所示。

步骤11 在"图层"面板中单击 ◘（添加图层蒙版）按钮，此时会在"图层 2"图层中添加一个显示全部的图层蒙版，如图 6-80 所示。

步骤12 选择 ✐（画笔工具），按 F5 键打开"画笔"面板并设置相应的参数，如图 6-81 所示。

步骤13 将"前景色"设置为黑色，使用 ✐（画笔工具）在眉毛周围进行涂抹，效果如图 6-82 所示。

图 6-77 图 6-78 图 6-79

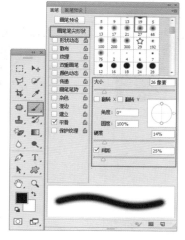

图 6-80 图 6-81

图 6-82

步骤⑭ 在眉毛周围进行细心涂抹，只保留原来眉毛的范围，效果如图 6-83 所示。

步骤⑮ 此时发现眉毛太黑，设置"不透明度"为 75%，至此本例制作完成，最终效果如图 6-84 所示。

图 6-83 图 6-84

实例 66　替人物添加胡须

（实例思路） --

　　本例通过 Photoshop 为照片中的人物添加胡须，使人物更具有一种成熟沧桑感，操作流程
如图 6-85 所示。

图 6-85

（实例要点） --

▶▶ "打开"命令的使用　　　　　　　　　　▶▶ 添加图层蒙版

▶▶ "多边形套索工具"的使用　　　　　　　▶▶ 通过画笔编辑蒙版

▶▶ "添加杂色"滤镜　　　　　　　　　　　▶▶ "正片叠底"混合模式

（操作步骤） --

步骤01 执行菜单栏中的"文件|打开"命令或按Ctrl+O组合键，打开随书附带的"素材\第6章\男
模特.jpg"素材，如图 6-86 所示。

步骤02 给模特添加刚长出的胡茬效果。使用 （多边形套索工具），设置"从选区中减去"模式、
"羽化"为1，在人物嘴巴处创建选区，如图 6-87 所示。

图 6-86　　　　　　　　　　　　　　图 6-87

步骤03 单击"前景色"图标，打开"拾色器（前景色）"对话框，设置颜色为（R: 255、G: 255、B:

255）白色，如图 6-88 所示。

图 6-88

步骤 04 设置完成单击"确定"按钮，新建"图层 1"图层，按 Alt+Delete 组合键为选区填充前景色，如图 6-89 所示。

步骤 05 按 Ctrl+D 组合键去掉选区，执行菜单栏中的"滤镜 | 杂色 | 添加杂色"命令，打开"添加杂色"对话框，其中的参数设置如图 6-90 所示。

图 6-89

图 6-90

步骤 06 设置完成单击"确定"按钮，将"前景色"设置成黑色，单击 ▣（添加图层蒙版）按钮，为图层添加蒙版，使用 ✐（画笔工具）在嘴周围进行涂抹，使胡子更加具有真实感，如图 6-91 所示。

图 6-91

步骤 07 设置"混合模式"为"正片叠底"，设置"不透明度"为 40%，效果如图 6-92 所示。

步骤 08 至此本例制作完成，最终效果如图 6-93 所示。

图 6-92　　　　　　　　　　　　　图 6-93

 实例 67　淡化色斑美白牙齿

实例思路

拥有一口雪白的牙齿是每个人都梦想的事情，然而由于自身原因，这个梦想不是每个人都能实现，但是在 Photoshop 中每个人都能实现这个梦想，操作流程如图 6-94 所示。

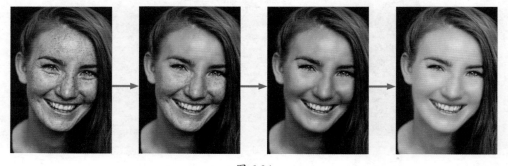

图 6-94

实例要点

▶ "打开" 命令的使用

▶ "仿制图章工具" 修复眼袋和眼角纹

▶ "高斯模糊" 滤镜

▶ 历史记录画笔工具

▶ 复制选区内容

▶ "表面模糊" 滤镜

▶ 设置 "混合模式" 和 "不透明度"

▶ 添加图层蒙版

▶ 使用 "画笔工具" 编辑蒙版

▶ 羽化选区

▶ "色相 / 饱和度" 调整图层

▶ "色阶" 调整图层

（操作步骤）--

步骤01 执行菜单栏中的"文件|打开"命令或按Ctrl+O组合键，打开随书附带的"素材\第6章\美女06.jpg"素材，如图6-95所示。

步骤02 首先去掉美女的眼袋和眼角纹。使用 （仿制图章工具）在眼袋下方按住Alt键进行取样，如图6-96所示。

 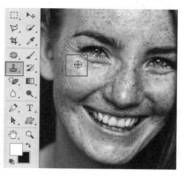

图 6-95　　　　　　　　　图 6-96

步骤03 取样完成后，将鼠标指针移动到眼袋处并按住鼠标涂抹，修复美女的眼袋，如图6-97所示。

步骤04 使用同样的方法去掉眼角纹和另一只眼睛的眼袋，效果如图6-98所示。

 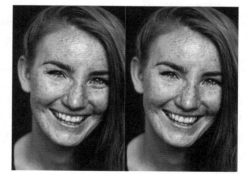

图 6-97　　　　　　　　　　　　图 6-98

步骤05 执行菜单栏中的"滤镜|模糊|高斯模糊"命令，打开"高斯模糊"对话框，设置"半径"为9，如图6-99所示。

步骤06 设置完成单击"确定"按钮，效果如图6-100所示。

步骤07 选择 （历史记录画笔工具），在属性栏中设置"不透明度"为30%、"流量"为30%，执行菜单栏中的"窗口|历史记录"命令，打开"历史记录"面板，在面板中 "高斯模糊"步骤前单击调出恢复源，再选择最后一个"仿制图章"选项，使用 （历史记录画笔工具）在人物的面部涂抹，效果如图6-101所示。

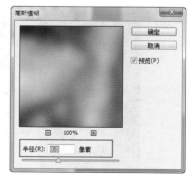

图 6-99

图 6-100

图 6-101

步骤08 使用 （历史记录画笔工具）在人物的面部需要美容的位置进行涂抹，可以在同一位置进行多次涂抹，恢复过程如图 6-102 所示。

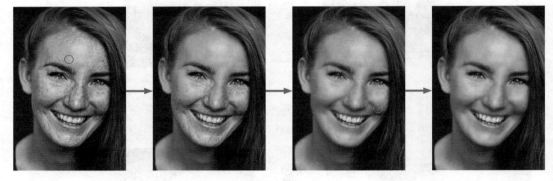
图 6-102

步骤09 在人物的皮肤上进行精心的涂抹，直到自己满意为止，效果如图 6-103 所示。

步骤10 使用 （矩形选框工具）在人物脑门上绘制一个矩形选区，按 Ctrl+J 组合键得到一个"图层 1"图层，按 Ctrl+T 组合键将图像放大到整个文档大小，效果如图 6-104 所示。

步骤11 执行菜单栏中的"滤镜|模糊|表面模糊"命令，打开"表面模糊"对话框，其中的参数设置如图 6-105 所示。

步骤12 设置完成单击"确定"按钮，设置"混合模式"为"滤色"，设置"不透明度"为23%，效果如图 6-106 所示。

图 6-103

图 6-104

图 6-105   图 6-106

步骤⑬ 单击 （添加图层蒙版）按钮，为"图层 1"图层添加一个图层蒙版，使用 （画笔工具）在人物皮肤以外的区域涂抹黑色，效果如图 6-107 所示。

步骤⑭ 下面对牙齿进行美白。使用 （快速选择工具）在牙齿上创建选区，执行菜单栏中的"选择|修改|羽化"命令，打开"羽化选区"对话框，设置"羽化半径"为 2 像素，效果如图 6-108 所示。

图 6-107   图 6-108

步骤⑮ 设置完成单击"确定"按钮，在"图层"面板中单击 （创建新的填充或调整图层）按钮，在弹出的菜单中选择"色相 / 饱和度"选项，打开"色相 / 饱和度"属性面板，其中的参数设置如图 6-109 所示。

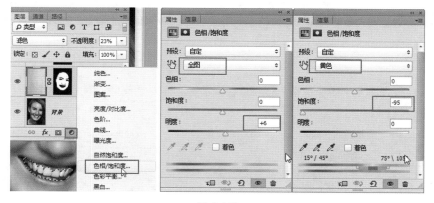

图 6-109

步骤⑯ 调整完成后效果如图 6-110 所示。

图 6-110

步骤⑰ 下面将照片的整体提亮。在"图层"面板中单击 ◎（创建新的填充或调整图层）按钮，在弹出的菜单中选择"色阶"选项，打开"色阶"属性面板，其中的参数设置如图 6-111 所示。

步骤⑱ 至此本例制作完成，最终效果如图 6-112 所示。

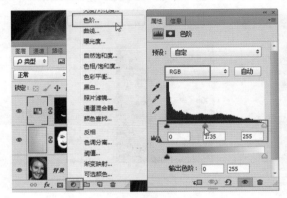

图 6-111

图 6-112

 实例 68　为人物添加闪唇

（实例思路）

　　不需要口红、不需要颜料，拥有 Photoshop 可以解决这一切问题，为人物添加流行闪唇效果，操作流程如图 6-113 所示。

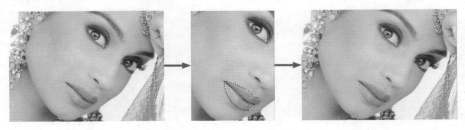

图 6-113

实例要点

▶ "打开"命令的使用　　　　　　　▶ "添加杂色"命令

▶ 钢笔工具　　　　　　　　　　　▶ "色相 / 饱和度"调整图层

▶ 羽化选区　　　　　　　　　　　▶ 剪贴蒙版

操作步骤

步骤01 执行菜单栏中的"文件|打开"命令或按 Ctrl+O 组合键,打开随书附带的"素材\第6章\模特 07.jpg"素材, 如图 6-114 所示。

步骤02 使用 (钢笔工具), 沿人物的嘴唇创建封闭路径, 如图 6-115 所示。

步骤03 创建完选区后,按住 Ctrl+Enter 组合键可以快速将创建的路径转换成选区,执行菜单栏中的"选择|修改|羽化"命令,打开"羽化选区"对话框,设置"羽化半径"为 1 像素, 如图 6-116 所示。

图 6-114

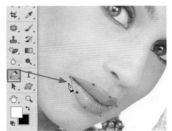
图 6-115

图 6-116

> **技巧**:设置羽化的目的是为了将选区边缘变得更加柔和。

步骤04 设置完成单击"确定"按钮,效果如图 6-117 所示。

步骤05 在"图层"面板中单击 (创建新图层)按钮,新建"图层 1"图层并将选区填充白色,效果如图 6-118 所示。

图 6-117

图 6-118

步骤06 执行菜单栏中的"滤镜|杂色|添加杂色"命令,打开"添加杂色"对话框,其中的参数设置如图 6-119 所示。

步骤 07 设置完成单击"确定"按钮，设置"混合模式"为"叠加"，设置"不透明度"为25%，效果如图 6-120 所示。

图 6-119

图 6-120

步骤 08 按 Ctrl+D 组合键去掉选区，在"图层"面板中单击 ◎（创建新的填充或调整图层）按钮，在弹出的菜单中选择"色相／饱和度"选项，此时系统会打开"色相／饱和度"属性面板，参数设置如图 6-121 所示。

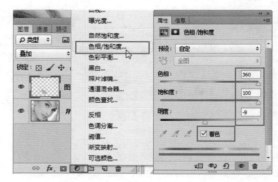

图 6-121

步骤 09 调整后效果如图 6-122 所示。

图 6-122

步骤 10 执行菜单栏中的"图层|创建剪贴蒙版"命令，为图层添加剪贴蒙版效果，如图 6-123 所示。

步骤 11 至此本例制作完成，最终效果如图 6-124 所示。

图 6-123

图 6-124

> **注意**：使用"创建剪贴蒙版"命令可以为图层添加剪贴蒙版效果。剪贴蒙版是使用基底图层中图像的形状来控制上面图层中图像的显示区域。

> **提示**：只有连续的图层才能创建剪贴蒙版，创建剪贴蒙版后的基底图层（蒙版图层）在图层名称中会出现下划线，上面的图层缩览图是缩进的。应用"创建剪贴蒙版"命令后，该命令在菜单中的名称将改为"释放剪贴蒙版"命令。

实例 69　为人物添加眼影和腮红

实例思路

　　不同颜色的眼影会使眼睛增加很多魅力，大家是否试过在照片中为人物添加眼影和淡淡的腮红，让面部看起来更加的粉嫩。本例使用 Photoshop 软件来讲解添加眼影与腮红的方法，操作流程如图 6-125 所示。

图 6-125

实例要点

▶▶ "打开"命令的使用

▶▶ 多边形套索工具绘制羽化选区

▶▶ 新建图层填充颜色

▶▶ 设置"混合模式"

▶▶ 添加图层蒙版

▶▶ "画笔工具"编辑图层蒙版

操作步骤

步骤 01 执行菜单栏中的"文件|打开"命令或按 Ctrl+O 组合键,打开随书附带的"素材\第6章\模特 08.jpg"素材,如图 6-126 所示。

步骤 02 在工具箱中选择 (多边形套索工具),在属性栏中设置"羽化"为8像素,单击 (添加到选区)按钮,使用 (多边形套索工具)在两只眼睛处绘制两个封闭选区,如图 6-127 所示。

图 6-126　　　　　　　　　　图 6-127

步骤 03 新建一个"图层 1"图层,将"前景色"设置为白色,按 Alt+Delete 组合键将选区填充为白色,效果如图 6-128 所示。

步骤 04 按 Ctrl+D 组合键去掉选区,设置"混合模式"为"颜色",执行菜单栏中的"图层|图层蒙版|显示全部"命令,为"图层 1"图层添加一个图层蒙版,效果如图 6-129 所示。

步骤 05 使用 (画笔工具)在蒙版中的人物眼球处、眼睛下面和眉毛处涂抹黑色,效果如图 6-130 所示。

步骤 06 按住 Ctrl 键单击"图层 1"图层的缩览图,调出图层的选区,如图 6-131 所示。

图 6-128　　　　　　　　　　图 6-129

图 6-130　　　　　　　　　　图 6-131

步骤 07 新建"图层 2"图层,将"前景色"设置为粉色,按 Alt+Delete 组合键填充前景色,效果如图 6-132 所示。

步骤 08 按 Ctrl+D 组合键去掉选区,执行菜单栏中的"图层 | 图层蒙版 | 隐藏全部"命令,为"图层 2"图层添加一个图层蒙版,效果如图 6-133 所示。

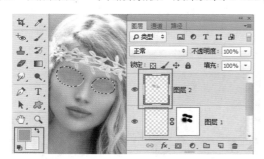 

图 6-132   图 6-133

步骤 09 将"前景色"设置为白色,选择 ✎(画笔工具)并设置合适的大小和硬度,在眼睛下部睫毛处涂抹白色,效果如图 6-134 所示。

步骤 10 设置"混合模式"为"柔光",此时眼影制作完成,效果如图 6-135 所示。

步骤 11 下面制作腮红,新建"图层 3"图层,将"前景色"设置为粉色,使用 ✎(画笔工具)在脸上涂抹粉色,效果如图 6-136 所示。

步骤 12 设置"混合模式"为"滤色",设置"不透明度"为 17%,至此本例制作完成,最终效果如图 6-137 所示。

 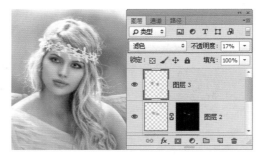

图 6-134   图 6-135

图 6-136   图 6-137

实例70　为人物添加彩色隐形眼镜

实例思路 --

　　人眼睛的颜色是固定的，但是现代人又总想改变一下自己的形象虽然现在有一种可以改变眼睛瞳孔颜色的眼镜，但戴上它也许会感觉不舒服。本例使用 Photoshop 讲述将人物眼球改变颜色的方法，最终效果就好像是戴上了隐形彩色眼镜一般，操作流程如图 6-138 所示。

图 6-138

实例要点 --

▶▷ "打开"命令的使用　　　　　　　　　　▷▷ "椭圆选框工具"的使用

▶▷ "颜色"混合模式　　　　　　　　　　　▷▷ "色阶"调整图层

▶▷ 添加图层蒙版

操作步骤 --

步骤01 执行菜单栏中的"文件 | 打开"命令或按 Ctrl+O 组合键，打开随书附带的"素材 \ 第 6 章 \ 美女 09.jpg"素材，如图 6-139 所示。

步骤02 选择 （椭圆选框工具），设置"添加到选区"模式，按住 Shift 键在人物的眼睛上创建两个正圆选区，如图 6-140 所示。

步骤03 单击"前景色"图标，打开"拾色器（前景色）"对话框，设置颜色为（R: 0、G: 24、B: 255），如图 6-141 所示。

图 6-139

图 6-140

图 6-141

步骤 04　设置完成单击"确定"按钮，新建"图层 1"图层，按 Alt+Delete 组合键将选区填充前景色，如图 6-142 所示。

步骤 05　设置"混合模式"为"颜色"，设置"不透明度"为 35%，如图 6-143 所示。

图 6-142　　　　　　　　　　　　　　图 6-143

步骤 06　单击 ▣ （添加图层蒙版）按钮，为图层添加蒙版，此时选区内部为显示区域，选区外部为隐藏区域，如图 6-144 所示。

步骤 07　使用 ▨ （画笔工具）在眼睛周围涂抹黑色，过程如图 6-145 所示。

步骤 08　在"图层"面板中单击 ● （创建新的填充或调整图层）按钮，在弹出的菜单中选择"色阶"选项，打开"色阶"属性面板，其中的参数设置如图 6-146 所示。

步骤 09　至此本例制作完成，最终效果如图 6-147 所示。

图 6-144　　　　　　　　　　　　　　图 6-145

图 6-146　　　　　　　　　　　　　　图 6-147

实例 71　修正扇风耳

实例思路 --

由于照相的角度或自身的原因，相片中模特耳朵会出现扇风耳效果，本例就为大家讲解修正扇风耳的方法，操作流程如图 6-148 所示。

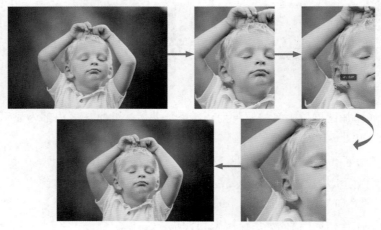

图 6-148

实例要点 --

▶▶ "打开"命令的使用　　　　　　　　▶▶ "变换"图像

▶▶ "钢笔工具"绘制路径　　　　　　　▶▶ "修复画笔工具"的使用

▶▶ 转换路径为选区

操作步骤 --

步骤 01 执行菜单栏中的"文件 | 打开"命令或按 Ctrl+O 组合键，打开随书附带的"素材 \ 第 6 章 \ 小朋友照片 .jpg"素材，如图 6-149 所示。

步骤 02 使用 （钢笔工具）沿左耳创建路径，如图 6-150 所示。

图 6-149

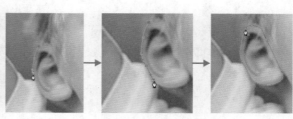

图 6-150

步骤 03 按 Ctrl+Enter 组合键将路径转换成选区，再按 Ctrl+J 组合键得到"图层 1"图层，如图 6-151 所示。

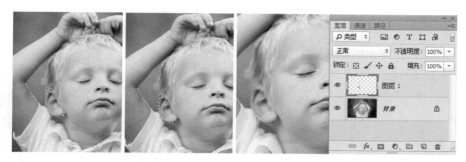

图 6-151

技巧：按 Ctrl+Enter 组合键，可以快速将路径转换成选区。

步骤 04 按 Ctrl+T 组合键调出变换框，按住 Ctrl 键拖动左下角控制点对其进行扭曲变换，效果如图 6-152 所示。

步骤 05 按 Enter 键确定，选择背景图层，使用 🖌 (修复画笔工具) 在耳朵附近按住 Alt 键进行取样，如图 6-153 所示。

步骤 06 取样完成后，使用 🖌 (修复画笔工具) 在耳朵上单击进行修复，效果如图 6-154 所示。

步骤 07 使用同样的方法修正右边耳朵，至此本例制作完成，最终效果如图 6-155 所示。

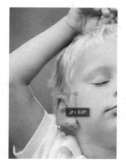

图 6-152

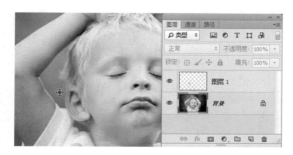

图 6-153

图 6-154

图 6-155

☀ **实例 72　脸型调整**

实例思路 --------------------------------

　　通过"液化"命令不但可以对身体进行塑形，还可以对天生的脸型或拍照时产生的宽脸效果进行瘦脸调整，操作流程如图 6-156 所示。

图 6-156

实例要点 --------------------------------

▶▶ "打开"命令的使用　　　　　　▶▶ "液化"滤镜

操作步骤 --------------------------------

步骤**01** 执行菜单栏中的"文件 | 打开"命令或按 Ctrl+O 组合键，打开随书附带的"素材 \ 第 6 章 \ 塑脸模特 .jpg"素材，如图 6-157 所示。

步骤**02** 执行菜单栏中的"滤镜 | 液化"命令，打开"液化"对话框，选择 ☑（向前变形工具），在"工具选项"部分设置参数，在图像中进行涂抹，如图 6-158 所示。

图 6-157

图 6-158

其中的各项含义如下：

工具部分

● **工具箱**：用来存放液化处理图像的工具。

- ![向前变形工具] （向前变形工具）：使用该工具在图像上拖动，会使图像向拖动方向产生弯曲变形效果。

- ![重建工具] （重建工具）：使用该工具在图像上已发生变形的区域单击或拖动，可以使已变形图像恢复为原始状态。

- ![顺时针旋转扭曲工具] （顺时针旋转扭曲工具）：使用该工具在图像上按住鼠标时，可以使图像中的像素顺时针旋转；使用该工具在图像上按住鼠标的同时按住 Alt 键，可以使图像中的像素逆时针旋转。

- ![褶皱工具] （褶皱工具）：在图像上单击或拖动时，会使图像中的像素向画笔区域的中心移动，使图像产生收缩效果。

- ![膨胀工具] （膨胀工具）：在图像上单击或拖动时，会使图像中的像素从画笔区域的中心向画笔边缘移动，使图像产生膨胀效果，该工具产生的效果正好与 ![褶皱工具] （褶皱工具）产生的效果相反。

- ![左推工具] （左推工具）：在图像上拖动时，图像中的像素会以相对于拖动方向左垂直的方向在画笔区域内移动，使其产生挤压效果；按住 Alt 键拖动鼠标时，图像中的像素会以相对于拖动方向右垂直的方向在画笔区域内移动，使其产生挤压效果。

- ![冻结蒙版工具] （冻结蒙版工具）：在图像上拖动时，图像中的画笔经过的区域会被冻结，冻结后的区域不会受到变形的影响。使用 ![向前变形工具] （向前变形工具）在图像上拖动后经过冻结的区域图像不会被变形。

- ![解冻蒙版工具] （解冻蒙版工具）：在图像上已经冻结的区域上拖动时，画笔经过的地方将会被解冻。

- ![抓手工具] （抓手工具）：当图像放大到超出预览框时，使用 ![抓手工具] （抓手工具）可以移动图像查看局部。

- ![缩放工具] （缩放工具）：用来缩放预览区的视图，在预览区内单击会将图像放大，按住 Alt 键单击会将图像缩小。

> 提示："液化"对话框中除了选择 ![缩放工具] （缩放工具）外，按住 Ctrl 键在预览区单击都会将图像变大。

设置部分

- **工具选项**：用来设置选择相应工具时的参数。
- **画笔大小**：用来控制选择工具的画笔宽度。
- **画笔密度**：用来控制画笔与图像像素的接触范围。数值越大，范围越广。
- **画笔压力**：用来控制画笔的涂抹力度。压力为 0 时，将不会对图像产生影响。
- **画笔速率**：用来控制重建、膨胀等工具在图像中单击或拖动时的扭曲速度。
- **光笔压力**：在计算机连接数位板时，该选项会被激活，选中该复选框，可以通过绘制时使用的压力大小来控制工具绘制效果。
- **重建选项**：用来设置恢复图像的参数。
- **重建**：单击此按钮，可以通过"恢复重建"对话框来设置重建效果，如图 6-159 所示。

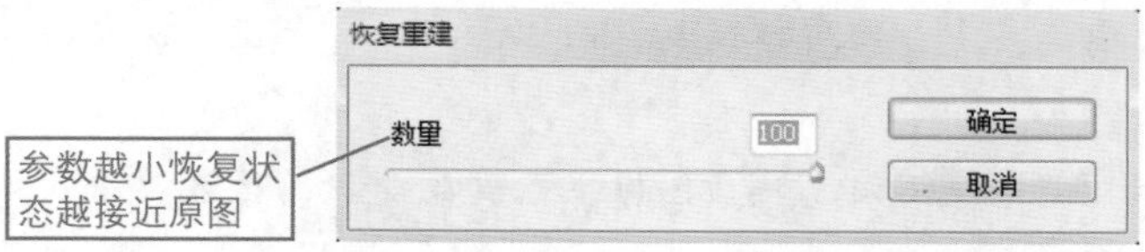

参数越小恢复状
态越接近原图

图 6-159

● 恢复全部：单击此按钮，可以去掉图像的所有液化效果，使其恢复到初始状态。即使冻结区域存在液化效果，单击此按钮同样可以将其恢复到初始状态。

● 蒙版选项：用来设置与图像中存在的蒙版、通道等效果的混合选项。

● ◑（替换选区）：显示原图像中的选区、蒙版或透明度。

● ◐（添加到选区）：显示原图像中的蒙版、可以将冻结区域添加到选区蒙版。

● ◖（从选区中减去）：从冻结区域减去选区或通道的区域。

● ◑（与选区交叉）：只有冻结区域与选区或通道交叉的部分可用。

● ◐（反相选区）：将冻结区域反选。

● 无：单击此按钮，可以将图像所有冻结区域解冻。

● 全部蒙住：单击此按钮，可以将整个图像冻结。

● 全部反相：单击此按钮，可以将冻结区域与非冻结区域调转。

● 视图选项：用来设置预览区域的显示状态。

● 显示图像：选中此复选框，可以在预览区中看到图像。

● 显示网格：选中此复选框，可以在预览区中看到网格，此时"网格大小"和"网格颜色"被激活，从中可以设置网格大小和颜色。

● 显示蒙版：选中此复选框，可以在预览区中看到图像中冻结区域被覆盖。

● 蒙版颜色：设置冻结区域的颜色。

● 显示背景：选中此复选框，可以设置在预览区中看到"图层"面板中的其他图层。

● 使用：在下拉列表中可以选择在预览区中显示的图层。

● 模式：设置其他显示图层与当前预览区中图像的层叠模式，如前面、后面和混合等。

● 不透明度：设置其他图层与当前预览区中图像之间的不透明度。

● 预览区域：用来显示编辑过程的窗口。

步骤 03 使用 ✐（向前变形工具）在模特的脸部边缘向中心拖动，过程如图 6-160 所示。

图 6-160

技巧：根据脸部边缘的不同形状，在调整时可以随时改变画笔大小，这样可以更加完美的对细节部分进行修正。

步骤04 设置完成单击"确定"按钮，最终效果如图 6-161 所示。

图 6-161

实例 73　人物塑身

实例思路

人物塑身可以是手臂、腿或腹部等部位，本例通过 Photoshop 对人物腹部多出的赘肉进行修整，使小腹更加平滑，操作流程如图 6-162 所示。

图 6-162

实例要点

▶▶ "打开"命令的使用　　　　　　　▶▶ "液化"滤镜

操作步骤

步骤01 执行菜单栏中的"文件|打开"命令或按 Ctrl+O 组合键，打开随书附带的"素材\第 6 章\塑身模特.jpg"素材，如图 6-163 所示。

步骤02 使用 ✐（钢笔工具）在腹部按照轮廓创建路径，如图 6-164 所示。

步骤03 按 Ctrl+Enter 组合键将路径转换为选区，如图 6-165 所示。

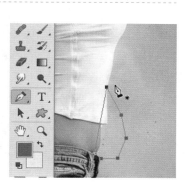

图 6-163　　　　　　　　　图 6-164

图 6-165

步骤 04 执行菜单栏中的"滤镜 | 液化"命令,打开"液化"对话框,选择 （冻结蒙版工具）,在"工具选项"部分设置参数,在图像中绘制冻结区,如图 6-166 所示。

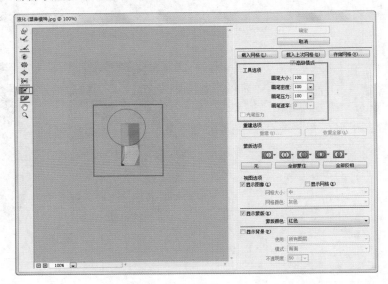

图 6-166

步骤 05 再使用 （向前变形工具）在图像中拖动将赘肉消除,效果如图 6-167 所示。

步骤 06 设置完成单击"确定"按钮,最终效果如图 6-168 所示。

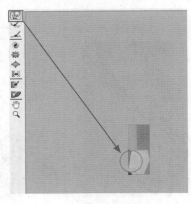

图 6-167

图 6-168

实例 74　为人物头发焗油

实例思路

当前的年轻人总是喜欢将头发在不同颜色之间进行变换，但是经常改变头发颜色会破坏头发本身，使原本属于自己的头发变得失去光泽、干燥，甚至还会在发梢处产生分叉，那么如何既满足年轻人对于时尚的追求，又能保护好头发，本例使用图像处理大师 Photoshop 软件在电脑中改变头发的颜色，操作流程如图 6-169 所示。

图 6-169

实例要点

▶ "打开"命令的使用　　　　　　　　▶ "颜色"混合模式

▶ "可选颜色"调整图层　　　　　　　▶ "色相 / 饱和度"调整图层

▶ 画笔编辑蒙版

操作步骤

步骤 01　执行菜单栏中的"文件|打开"命令或按 Ctrl+O 组合键，打开随书附带的"素材\第 6 章\模特 10.jpg"素材，如图 6-170 所示。

步骤 02　在"图层"面板中单击 ◢（创建新的填充或调整图层）按钮，在弹出的菜单中选择"可选颜色"选项，如图 6-171 所示。

图 6-170

图 6-171

步骤 **03** 系统会自动打开"可选颜色"属性面板，在面板中的"颜色"下拉列表中选择"黑色"，选中"相对"单选按钮，再分别设置青色、洋红、黄色和黑色的参数值，如图 6-172 所示。

其中的各项含义如下：

● 颜色：在下拉列表中可以选择要进行调整的颜色。

● 调整选择的颜色：输入数值或拖动控制滑块改变青色、洋红、黄色和黑色的含量。

● 相对：选中该单选按钮，可按照总量的百分比调整当前的青色、洋红、黄色和黑色的量。如果起始含有 40% 洋红色的像素增加 20%，则该像素的洋红色含量为 50%。

● 绝对：选中该单选按钮，可对青色、洋红、黄色和黑色的量采用绝对值调整。如果起始含有 40% 洋红色的像素增加 20%，则该像素的洋红色含量为 60%。

技巧： "可选颜色"命令主要用于微调颜色，从而进行增减所用颜色的油墨百分比，在"信息"面板弹出菜单中选择"调板选项"命令，将"模式"设置为"油墨总量"，将吸管移到图像上便可以查看油墨的总体百分比。

步骤 **04** 设置"可选颜色"后的效果如图 6-173 所示。

图 6-172　　　　　　　　图 6-173

步骤 **05** 选择"选取颜色 1"图层中的蒙版，将"前景色"设置为黑色，使用 （画笔工具）在图像中除头发以外的区域进行涂抹，效果如图 6-174 所示。

图 6-174

步骤06 使用 ✐（画笔工具）进行详细涂抹，涂抹后的效果如图 6-175 所示。

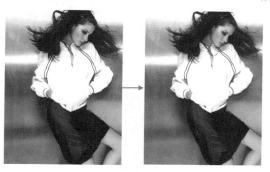

图 6-175

提示：如果想让头发与周围的颜色区分的明显一些，可以在编辑蒙版时随时更改画笔的大小，这样有利于发丝部位的编辑。

步骤07 蒙版编辑完后，在"图层"面板中设置"混合模式"为"颜色"，设置"不透明度"为 64%，效果如图 6-176 所示。

图 6-176

步骤08 在"图层"面板中单击 ◎ （创建新的填充或调整图层）按钮，在弹出的菜单中选择"色相／饱和度"选项，打开"色相／饱和度"属性面板，其中的参数设置如图 6-177 所示。

步骤09 至此本例制作完成，最终效果如图 6-178 所示。

图 6-177　　　　　　图 6-178

本章习题与练习

练习

打开一张人物照片，为其添加睫毛。

习题

1. 在 Photoshop 中能够通过涂抹人物皮肤美白的工具是（　　）。

　　A. 画笔工具　　　　B. 橡皮擦工具　　　　C. 减淡工具　　　　　　D. 加深工具

2. 复制图层后可以增加图像亮度的模式是（　　）。

　　A. 正片叠底　　　　B. 滤色　　　　　　　C. 饱和度　　　　　　　D. 颜色

3. 创建封闭路径后，按（　　）组合键可以将路径转换成选区。

　　A. Alt+Ctrl+C　　　B. Alt+Ctrl+R　　　　C. Ctrl+V　　　　　　　D. Ctrl+Enter

4. 在 Photoshop 中能够进行瘦脸操作的滤镜是（　　）。

　　A. 液化　　　　　　B. 自适应广角　　　　C. 消失点　　　　　　　D. 高反差保留

第 7 章

风景照片的调整与修饰

随着数码相机的日益普及，许多摄影爱好者已经有了自己的拍摄风格，其中以风景照片为主题的居多，风景照片不仅能够反映拍摄的真实性，还能够映现出摄影者的心情。本章将针对风景照片进行调整与修饰。

本章内容

▶ 将白天调整成夜晚效果　　▶ 加强天空中蓝天白云的对比度

▶ 将白天调整成傍晚效果　　▶ 加强夜景天空与城市的和谐绚丽色彩

▶ 凸显照片中的景物　　　　▶ 调整照片季节更替

实例75 将白天调整成夜晚效果

实例思路

对风景照片的处理方法很多，一般都是对照片的颜色进行修饰，而本例进行一次突破，将白天的景色转换成了夜景效果，使照片从另一个角度诠释它的艺术所在，具体操作流程如图7-1所示。

图 7-1

实例要点

▶ 打开文件
▶ 新建图层填充黑色
▶ 设置"不透明度"
▶ 使用"画笔工具"涂抹颜色

▶ 设置"混合模式"
▶ 盖印图层
▶ 应用"色相/饱和度"调整图层
▶ 应用"色阶"调整图层

操作步骤

步骤01 执行菜单栏中的"文件|打开"命令或按Ctrl+O组合键，打开随书附带的"素材\第7章\广场.jpg"素材，如图7-2所示。

步骤02 下面将此照片调整成黑天效果。新建一个"图层1"图层，将图层填充为黑色，设置"不透明度"为85%，如图7-3所示。

图 7-2

图 7-3

技巧：此处还可通过执行菜单栏中的"图像 | 调整 | 色相 / 饱和度"命令，在打开的"色相 / 饱和度"对话框中降低"明度"值，也可达到此效果。

步骤03 新建一个"图层 2"图层，将"前景色"设置为 R: 209、G: 190、B: 165，选择 ☑（画笔工具），在属性栏中设置"不透明度"为 73%，调整合适的画笔大小后在页面中涂抹画笔，设置"混合模式"为"颜色减淡"，效果如图 7-4 所示。

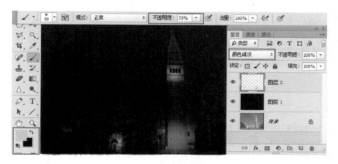

图 7-4

技巧：对于想要亮一点的区域，可以多涂抹两次，因为设置了 ☑（画笔工具）的不透明度。

步骤04 执行菜单栏中的"文件 | 打开"命令或按 Ctrl+O 组合键，打开随书附带的"素材 \ 第 7 章 \ 星空 .jpg"素材，使用 ☑（移动工具）将"星空"素材中的图像拖曳到"广场"文档中，如图 7-5 所示。

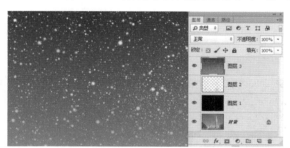

图 7-5

步骤05 隐藏"图层 1"图层和"图层 2"图层，使用 ☑（快速选择工具）为建筑以外的区域创建一个选区，如图 7-6 所示。

图 7-6

步骤 06 显示"图层 1"图层和"图层 2"图层，单击▣（添加图层蒙版）按钮，为图层 3 添加图层蒙版，效果如图 7-7 所示。

图 7-7

步骤 07 设置"混合模式"为"颜色减淡"，设置"不透明度"为 42%，效果如图 7-8 所示。

图 7-8

步骤 08 按 Ctrl+J 组合键复制一个"图层 3 拷贝"图层，设置"混合模式"为"柔光"，设置"不透明度"为 26%，效果如图 7-9 所示。

图 7-9

步骤 09 新建一个"图层 4"图层，使用▨（画笔工具）在建筑顶部绘制一个白色正圆，设置"不透明度"为 80%，效果如图 7-10 所示。

步骤 10 按 Ctrl+Shift+Alt+E 组合键盖印一个图层，效果如图 7-11 所示。

步骤 11 单击◎（创建新的填充或调整图层）按钮，在弹出的菜单中选择"色相 / 饱和度"选项，在打开的"色相 / 饱和度"属性面板中设置"饱和度"为 20，效果如图 7-12 所示。

图 7-10

图 7-11

图 7-12

步骤 12 单击 ◢（创建新的填充或调整图层）按钮，在弹出的菜单栏中选择"色阶"选项，在打开的"色阶"属性面板中设置各项参数，如图 7-13 所示。

图 7-13

步骤⑬ 新建一个"图层6"图层，将其填充为白色，设置"混合模式"为"叠加"，设置"不透明度"为32%，如图7-14所示。

步骤⑭ 至此本例制作完成，最终效果如图7-15所示。

图 7-14

图 7-15

 实例 76 将白天调整成傍晚效果

实例思路 -

　　黄昏时分会给人们带来一种无限的美好憧憬，而这种美好风景一天中只有在落日后能够看到，如果每个摄影师都要等时间来拍摄，那样会浪费很多时间。本例通过 Photoshop 软件对照片进行调整，以达到所需要的效果，具体操作流程如图7-16所示。

图 7-16

实例要点 -

▶ 打开文档　　　　　　　　　　　▶ "曲线"调整

▶ 复制图层　　　　　　　　　　　▶ "色阶"调整

▶ "照片滤镜"调整

操作步骤

步骤01 执行菜单栏中的"文件|打开"命令或按Ctrl+O组合键,打开随书附带的"素材\第6章\古堡.jpg"素材,如图7-17所示。

步骤02 按Ctrl+J组合键复制"背景"图层得到"图层1"图层,在"图层1"图层前面的小眼睛上单击,隐藏"图层1",选择"背景"图层,如图7-18所示。

图 7-17

图 7-18

步骤03 执行菜单栏中的"图像|调整|照片滤镜"命令,打开"照片滤镜"对话框,设置参数如图7-19所示。

步骤04 设置完成单击"确定"按钮,效果如图7-20所示。

图 7-19

图 7-20

步骤05 再执行菜单栏中的"图像|调整|曲线"命令,打开"曲线"对话框,其中的参数设置如图7-21所示。

步骤06 设置完成单击"确定"按钮,效果如图7-22所示。

步骤07 再执行菜单栏中的"图像|调整|色阶"命令,打开"色阶"对话框,其中的参数设置如图7-23所示。

步骤08 设置完成单击"确定"按钮,效果如图7-24所示。

步骤09 显示并选择"图层1"图层,设置"不透明度"为35%,如图7-25所示。

步骤10 此时白天已被调整为黄昏,最终效果如图7-26所示。

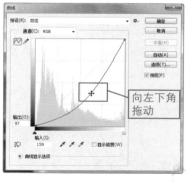

图 7-21

图 7-22

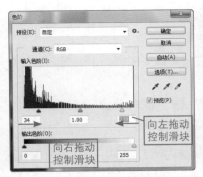
图 7-23

图 7-24

图 7-25

图 7-26

 实例 77　凸显照片中的景物

实例思路

　　摄影时经常会遇到对作品中的人物产生凸显的效果，使其成为作品中的主角，但是对于初学摄影的人们来说并不是一件容易事，本例使用 Photoshop 来完成凸显人物并使背景产生朦胧感的操作方法，处理流程如图 7-27 所示。

图 7-27

实例要点

▶▶ 打开文档
▶▶ 快速选择工具创建选区
▶▶ 储存选区

▶▶ "通道"面板
▶▶ "镜头模糊"滤镜

（操作步骤）- -

步骤01 执行菜单栏中的"文件|打开"命令或按Ctrl+O组合键，打开随书附带的"素材\第7章\大贝壳.jpg"素材，如图7-28所示。

步骤02 使用在贝壳和手上创建选区，如图7-29所示。

图 7-28   图 7-29

> **技巧**：选区创建完成后，按 Shift+F6 组合键打开"羽化选区"对话框，从中可以设置选区的羽化效果。

步骤03 选区创建完成后，执行菜单栏中的"选择 | 存储选区"命令，打开"存储选区"对话框，如图7-30所示。

步骤04 单击"确定"按钮，存储后的选区会自动在"通道"面板中以Alpha1的名称显示，如图7-31所示。

图 7-30   图 7-31

> **提示**：Alpha 通道是永久性的蒙版，可以跟随文件一同储存。

步骤05 在"通道"面板中单击按钮，在面板中会新建一个Alpha2通道，如图7-32所示。

步骤06 执行菜单栏中的"选择 | 反向"命令或按 Ctrl+Shift+I 组合键将选区反选，效果如图7-33所示。

步骤07 将"前景色"设置为黑色、"背景色"设置为白色，使用■（渐变工具）在选区内从左下角向右上角拖动填充渐变色，效果如图7-34所示。

步骤08 渐变填充完成后按 Ctrl+D 组合键去掉选区，此时"通道"面板如图7-35所示。

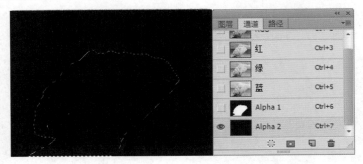

图 7-32

图 7-33

图 7-34

图 7-35

步骤09 下面通过"镜头模糊"滤镜来模拟映射效果。返回"图层"面板，执行菜单栏中的"滤镜|模糊|镜头模糊"命令，打开"镜头模糊"对话框，其中的参数设置如图7-36所示。

其中的各项含义如下：

● 预览：用来在原图中查看模糊效果。

◆ 更快：选中此单选按钮，可以提高预览速度。

◆ 更加准确：选中此单选按钮，可以查看最准确的效果，但需要较长的预览时间。

● 深度映射：通过蒙版或Alpha1通道的深度值来映射像素位置。

◆ 源：通过选择蒙版或Alpha1通道等来创建深度映射。

◆ 模糊焦距：用来设置位于焦距内的像素的深度。

◆ 反相：可以反转选区、蒙版或Alpha1通道。

● 光圈：用来设置模糊的显示方式。

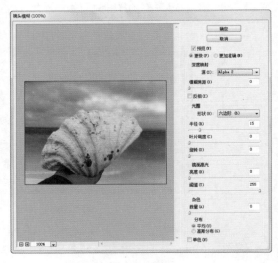

图 7-36

◆ 形状：用来设置光圈的形状，在下拉列表中包括"三角形""方形""五边形""六边形""七边形"和"八边形"。

◆ 半径：设置模糊的数量。

◆ 叶片弯度：用来处理光圈边缘的平滑。

◆ 旋转：用来旋转光圈。

● 镜面高光：用来设置镜面高光范围。

◆ 亮度：用来设置高光的亮度。

◆ 阈值：用来设置选择亮度截止点，大于该值的像素都被视为镜面高光。

● 杂色：用来设置图像中添加杂色的多少。

◆ 数量：控制杂色的多少。

◆ 分布：控制杂色的分布方式，包括"平均分布"和"高斯分布"。

◆ 单色：选中该复选框，添加的杂色将会是单一颜色杂点；不选中该复选框，添加的杂色将会是多种颜色的杂点。

步骤 ⑩ 设置完成单击"确定"按钮，至此本例制作完成，最终效果如图 7-37 所示。

图 7-37

实例 78　加强天空中蓝天白云的对比度

（实例思路） -

　　在一处好的风景本应该拍摄出画面完美的照片，可是由于天气的缘故影响了拍摄时机，导致拍摄出的照片暗淡无光。本例通过增强蓝天白云的对比度使得照片整体具有艺术感，操作流程如图 7-38 所示。

图 7-38

实例要点

▶ "打开"命令的使用　　　　　　▶ "渐变工具"编辑蒙版

▶ 新建图层填充灰色　　　　　　▶ "色阶"调整图层

▶ 设置"混合模式"为"颜色加深"　　▶ "亮度／对比度"调整图层

操作步骤

步骤01 执行菜单栏中的"文件|打开"命令或按Ctrl+O组合键,打开随书附带的"素材\第7章\古堡2.jpg"素材,如图7-39所示。

步骤02 在"图层"面板中新建一个"图层1"图层,将其填充为R: 207、G: 207、B: 207的灰色,设置"混合模式"为"颜色加深",设置"不透明度"为58%,如图7-40所示。

图7-39　　　　　　　　　　　图7-40

> 技巧:"颜色加深"模式可查看每个通道中的颜色信息,并通过增加二者之间的对比
> 度使基色变暗以反映出混合色,与白色混合后不产生变化。

步骤03 执行菜单栏中的"图层|图层蒙版|显示全部"命令,使用 ▣（渐变工具）在蒙版中从上向下拖动填充"从黑色到白色"的渐变色,效果如图7-41所示。

步骤04 在"图层"面板中单击 ◉（创建新的填充或调整图层）按钮,在弹出的菜单中选择"色阶"选项,在"色阶"属性面板中向左拖动"高光"控制滑块到"直方图"中有像素分布的区域,如图7-42所示。

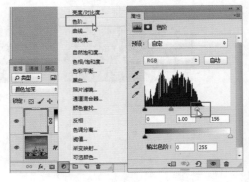

图7-41　　　　　　　　　　　图7-42

步骤 05 调整后的效果如图 7-43 所示。

步骤 06 在"图层"面板中单击 ◐ (创建新的填充或调整图层)按钮,在弹出的菜单中选择"亮度 / 对比度"选项,在"亮度 / 对比度"属性面板中设置"亮度"为 –6、"对比度"为 65,如图 7-44 所示。

步骤 07 至此本例制作完成,最终效果如图 7-45 所示。

图 7-43   图 7-44   图 7-45

实例 79   加强夜景天空与城市的和谐绚丽色彩

实例思路

在拍摄一些夜景照片时,经常会由于摄影知识的不足,导致拍摄的照片不尽人意,就需要通过 Photoshop 软件对其进行调整,使照片达到预想效果。本实例制作加强夜景照片的绚丽色彩,操作流程如图 7-46 所示。

图 7-46

实例要点

▶▶ 打开文档   ▶▶ 添加图层蒙版

▶▶ "色阶"调整图层   ▶▶ "渐变工具"编辑蒙版

▶▶ "可选颜色"调整图层   ▶▶ "画笔工具"编辑蒙版

操作步骤 --------------------------------

步骤 01 执行菜单栏中的"文件|打开"命令或按 Ctrl+O 组合键,打开随书附带的"素材\第 7 章\夜景 .jpg"素材,如图 7-47 所示。

步骤 02 在"图层"面板中单击 ◎(创建新的填充或调整图层)按钮,在弹出的菜单中选择"色阶"选项,在"色阶"属性面板中向左拖动"高光"控制滑块,如图 7-48 所示。

图 7-47 图 7-48

步骤 03 在"图层"面板中单击 ◎(创建新的填充或调整图层)按钮,在弹出的菜单中选择"色阶"选项,在"色阶"属性面板中向右拖动"阴影"控制滑块,如图 7-49 所示。

步骤 04 在"图层"面板中单击 ◎(创建新的填充或调整图层)按钮,在弹出的菜单中选择"可选颜色"选项,在"可选颜色"属性面板中设置各项参数,如图 7-50 所示。

图 7-49 图 7-50

步骤 05 新建一个图层,在工具箱中设置"前景色"为青色、将"背景色"设置为深青色,使用 ■(渐变工具)填充"从前景色到背景色"的线性渐变色,效果如图 7-51 所示。

步骤 06 设置"混合模式"为"浅色",单击 ◻(添加图层蒙版)按钮,为图层添加一个图层蒙版,使用 ■(渐变工具)填充"从黑色到白色"的线性渐变,以此来编辑图层蒙版,如图 7-52 所示。

步骤 07 将"前景色"设置为黑色,使用 ✍(画笔工具)在蒙版中进行涂抹,将建筑显露出来,再设置"不透明度"为 83%,在"蒙版"属性面板中设置"浓度"为 92%,如图 7-53 所示。

步骤 08 至此本例制作完成,最终效果如图 7-54 所示。

图 7-51

图 7-52

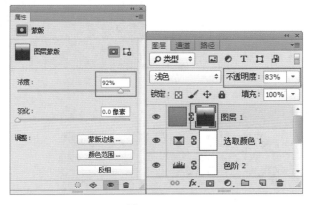

图 7-53

图 7-54

实例 80　调整照片季节更替

（实例思路） -

拍摄照片可以选择不同的季节，但是季节却不能随着拍摄而转换，因此，往往想拍摄的主题不能在当前季节完美的体现，这就需要对照片进行后期处理来完成自己需要的效果，操作流程如图 7-55 所示。

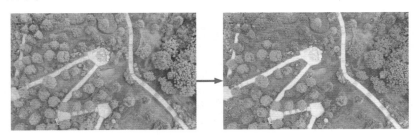

图 7-55

实例要点

- ▶▶ "打开"命令的使用
- ▶▶ "曲线"调整图层
- ▶▶ "色相/饱和度"调整图层

- ▶▶ 盖印图层
- ▶▶ "替换颜色"命令

操作步骤

步骤01 执行菜单栏中的"文件|打开"命令或按 Ctrl+O 组合键，打开随书附带的"素材\第7章\春色.jpg"素材，如图 7-56 所示。

步骤02 在"图层"面板中单击 ◎（创建新的填充或调整图层）按钮，在弹出的菜单中选择"曲线"选项，在"曲线"属性面板中拖动曲线将图像调亮，如图 7-57 所示。

图 7-56

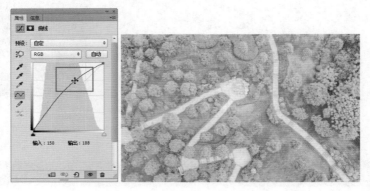

图 7-57

步骤03 在"图层"面板中单击 ◎（创建新的填充或调整图层）按钮，在弹出的菜单中选择"色相/饱和度"选项，在"色相/饱和度"属性面板中设置各个参数，如图 7-58 所示。

步骤04 按 Ctrl+Shift+Alt+E 组合键，得到一个盖印图层，如图 7-59 所示。

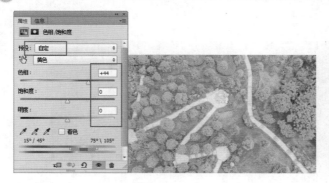

图 7-58

图 7-59

步骤 05 执行菜单栏中的"图像 | 调整 | 替换颜色"命令，打开"替换颜色"对话框，使用 ✐（吸管工具）在图像中的一处绿色上单击，设置"颜色容差"为 197，设置"结果"颜色为红色，效果如图 7-60 所示。

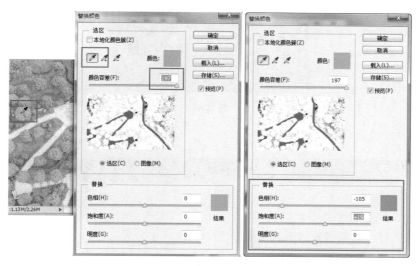

图 7-60

步骤 06 设置完成单击"确定"按钮，效果如图 7-61 所示。

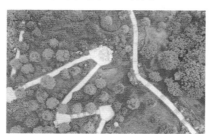

图 7-61

步骤 07 在"图层"面板中单击 ●（创建新的填充或调整图层）按钮，在弹出的菜单中选择"曲线"选项，在"曲线"属性面板中对各个参数进行设置，如图 7-62 所示。

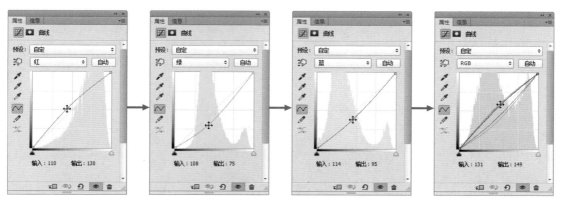

图 7-62

步骤 08 至此本例制作完成，最终效果如图 7-63 所示。

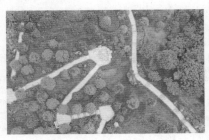

图 7-63

本章习题与练习

练习

打开一张风景照片，将其调整成傍晚效果。

习题

1. 在 Photoshop 中盖印图层的是（　　）。

　　A. Alt+Q 组合键　　　　　　　　　　B. Alt+Ctrl+O 组合键

　　C. Shift+O 组合键　　　　　　　　　　D. Alt+Shift+Ctrl+E 组合键

2. Photoshop 中能够快速调整冷暖色调的命令是（　　）。

　　A. 照片滤镜　　　　　B. 色阶　　　　　　C. 曲线　　　　　　　D. 阈值

3. Alpha 通道是永久性的（　　），可以跟随文件一同储存。

4. 在 Photoshop 默认状态下，通过"创建新的填充或调整图层"按钮新建的"色阶"属性面板，调整的是该图层以下（　　）。

第 8 章

修整模糊的照片

照片在拍摄时由于晃动、外界光线或环境，导致拍出的照片有一种模糊感，本章就使用 Photoshop 软件来讲解照片由模糊变得清晰的方法。

本章内容

▶ 数码相片变清晰技法 1　　▶ 数码相片变清晰技法 4

▶ 数码相片变清晰技法 2　　▶ 数码相片变清晰技法 5

▶ 数码相片变清晰技法 3　　▶ 数码相片变清晰技法 6

实例 81　数码相片变清晰技法 1

〔实例思路〕

拍摄照片时由于技术原因，很多照片都需要进行锐化处理才能变得更加清晰，在调整时需要注意人物及背景在照片中所呈现出的主体，本例通过 Photoshop 软件对数码模糊照片进行锐化与修整，具体操作流程如图 8-1 所示。

图 8-1

〔实例要点〕

▶ 打开文件　　　　　　　　　　　　▶ 设置混合模式
▶ "USM 锐化" 滤镜　　　　　　　　▶ "色阶" 调整图层

〔操作步骤〕

步骤 01 执行菜单栏中的 "文件 | 打开" 命令或按 Ctrl+O 组合键，打开随书附带的 "素材 \ 第 8 章 \ 模糊照片 1.jpg" 素材，如图 8-2 所示。

步骤 02 执行菜单栏中的 "滤镜 | 锐化 | USM 锐化" 命令，打开 "USM 锐化" 对话框，设置 "数量" 为 160%、"半径" 为 2 像素、"阈值" 为 5 色阶，如图 8-3 所示。

图 8-2

其中的各项含义如下：

● 数量：用来控制锐化效果的强度，数值越大，锐化越明显。

● 半径：用来控制锐化范围。

● 阈值：当相邻像素之间的差别小于设置的阈值时，才会对其进行锐化处理，数值越小，被锐化的像素越多。

步骤 03 设置完成单击 "确定" 按钮，效果如图 8-4 所示，此时发现处理后的照片已经变得比之前清晰一些。

图 8-3

图 8-4

技巧：使用"USM 锐化"滤镜对模糊图像进行清晰处理时，可根据照片中的图像进行
参数设置，近身半身像参数可以比本例的参数设置的小一些（数量：75%、半径：
2 像素、阈值：6 色阶）；若图像为主体柔和的花卉、水果、昆虫、动物，建议
设置数值（数量：150%、半径：1 像素、阈值：根据图像中的杂色分布情况）
大一些也可以；若图像为线条分明的石头、建筑、机械，建议设置半径为 3 像
素或 4 像素，但是同时要将数量值稍微减弱，这样不会导致像素边缘出现光晕
或杂色，阈值则不宜设置太高。

步骤 04 按 Ctrl+J 组合键，得到一个"图层 1"图层，设置"混合模式"为"颜色减淡"，设置
"不透明度"为 15%，如图 8-5 所示。

步骤 05 此时的效果如图 8-6 所示。

图 8-5

图 8-6

步骤 06 在"图层"面板中单击 ◉（创建新的填充或调整图层）按钮，在弹出的菜单中选择"色
阶"选项，打开"色阶"属性面板，在面板中向右拖动"阴影"控制滑块，向左拖动"高光"
控制滑块，如图 8-7 所示。

步骤 07 至此本例制作完成，最终效果如图 8-8 所示。

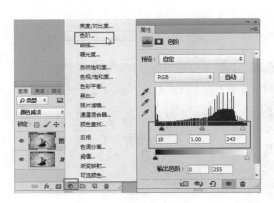

图 8-7

图 8-8

> **技巧**：对于模糊不是非常厉害的照片，只要执行菜单栏中的"滤镜|锐化|锐化"命令
> 或执行菜单栏中的"滤镜|锐化|锐化边缘"命令，即可校正模糊效果。

 实例 82　数码相片变清晰技法 2

实例思路

　　拍摄时受外界环境的影响，常常会使照片效果有一种朦胧模糊的感觉，本例使用 Photoshop 软件快速解决此类问题，具体操作流程如图 8-9 所示。

图 8-9

实例要点

▶ 打开文档
▶ "进一步锐化"滤镜

▶ 不透明度

操作步骤

步骤 **01** 执行菜单栏中的"文件|打开"命令或按 Ctrl+O 组合键，打开随书附带的"素材\第8章\模糊照片 2.jpg"素材，如图 8-10 所示。

步骤 02 素材打开后发现照片清晰度不是很理想，下面就快速对其进行锐化处理，执行菜单栏中的"滤镜 | 锐化 | 进一步锐化"命令，此时，照片的轮廓比之前清晰了很多，效果如图 8-11 所示。

步骤 03 下面将其处理成更加清晰的效果。首先拖动"背景"图层到 （创建新图层）按钮上，得到"背景 拷贝"图层，如图 8-12 所示。

图 8-10　　　　　　图 8-11

步骤 04 按 Ctrl+F 组合键再次执行"进一步锐化"命令，使当前图层中的图像变得更加锐利，效果如图 8-13 所示。

图 8-12

图 8-13

步骤 05 若发现图像锐化过头，只要将上面一层的图像变得透明一些，就会使图像变得非常完美，此时"图层"面板如图 8-14 所示。

步骤 06 在"图层"面板中单击 （创建新的填充或调整图层）按钮，在弹出的菜单中选择"色阶"选项，打开"色阶"属性面板，在面板中向右拖动"阴影"控制滑块，向左拖动"高光"控制滑块，如图 8-15 所示。

步骤 07 至此本例制作完成，最终效果如图 8-16 所示。

图 8-14

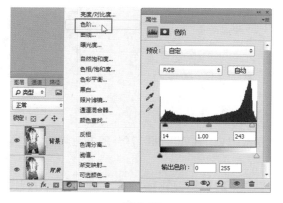 

图 8-15

图 8-16

技巧：对于整体照片都需要锐化的图片，可以使用相应的锐化命令，但是对于只想将局部变得清晰一点的图片，工具箱中的 △（锐化工具）将是非常便利的武器，只要使用工具轻轻一涂就会将经过的地方变得清晰，如图 8-17 所示。

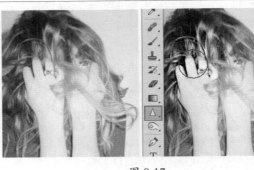

图 8-17

实例 83　数码相片变清晰技法 3

实例思路

在 Photoshop 软件中将模糊的照片变得清晰是件非常容易的事，只需一个命令或一个操作即可完成。本例使用 Photoshop 软件来讲解快速更改模糊照片的方法，操作流程如图 8-18 所示。

图 8-18

实例要点

▶ 打开文档　　　　　　　　　　　　　　　▶ "智能锐化" 滤镜

操作步骤

步骤01 执行菜单栏中的"文件|打开"命令或按 Ctrl+O 组合键，打开随书附带的"素材\第 8 章\模糊照片 3.jpg"素材，如图 8-19 所示。

步骤02 下面加强照片的清晰度。执行菜单栏中的"滤镜|锐化|智能锐化"命令，打开"智能锐化"对话框，其中的参数设置如图 8-20 所示。

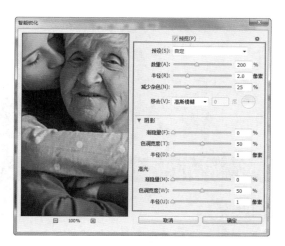

图 8-19

图 8-20

其中的各项含义如下：

- 预设：在下拉列表中选择预设的锐化设置。
- 数量：用来控制锐化效果的强度，数值越大，锐化越明显。
- 半径：用来控制锐化宽度。
- 移去：用来控制对模糊的锐化方法。选择"高斯模糊"，可以将高斯模糊的图像变得清晰，效果如图 8-21 所示；选择"动感

图 8-21

模糊"，可以将动感模糊的图像变得清晰，效果如图 8-22 所示；选择"镜头模糊"，可以通过检测图像中的细节将其变得清晰，效果如图 8-23 所示。

图 8-22

图 8-23

- 角度：在"移去"下拉列表中选择"动感模糊"后，可以通过设置角度来清除动感模糊的角度。
- 阴影与高光：可以设置"阴影与高光"相应的参数值。
- 渐隐量：用来设置阴影或高光中的锐化量。
- 色调宽度：用来设置阴影或高光中色调的修改范围。
- 半径：用来设置像素在阴影或高光中校正的缩放大小。

步骤03 设置完成单击"确定"按钮，至此完成本例的操作，最终效果如图 8-24 所示。

图 8-24

 实例 84　数码相片变清晰技法 4

实例思路

在 Photoshop 中即使不用"锐化"滤镜同样会让模糊照片变得清晰一些，操作流程如图 8-25 所示。

图 8-25

实例要点

▶ "打开"命令的使用　　　　　　　　▶ "强光"混合模式

▶ "高反差保留"滤镜　　　　　　　　▶ "曲线"调整图层

操作步骤

步骤01 执行菜单栏中的"文件|打开"命令或按 Ctrl+O 组合键，打开随书附带的"素材\第 8 章\模糊照片 4.jpg"素材，如图 8-26 所示。

步骤02 按 Ctrl+J 组合键，复制"背景"图层，得到一个"图层 1"图层，如图 8-27 所示。

图 8-26

图 8-27

步骤03 执行菜单栏中的"滤镜|其它|高反差保留"命令,打开"高反差保留"对话框,设置"半径"为 1.6 像素,如图 8-28 所示。

步骤04 设置完成单击"确定"按钮,效果如图 8-29 所示。

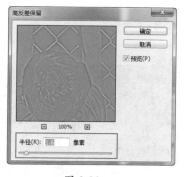

图 8-28　　　　　　　　　　　　　　　　图 8-29

步骤05 设置"混合模式"为"强光",如图 8-30 所示。

步骤06 调整后的效果如图 8-31 所示。

图 8-30　　　　　　　　　　　　　　　　图 8-31

步骤07 在"图层"面板中单击 ◔(创建新的填充或调整图层)按钮,在弹出的菜单中选择"曲线"命令,打开"曲线"属性面板,在面板中向右拖动"阴影"控制点,向左拖动"高光"控制点,如图 8-32 所示。

步骤08 至此本例制作完成,最终效果如图 8-33 所示。

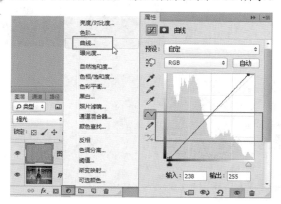

图 8-32　　　　　　　　　　　　　　　　图 8-33

实例 85 数码照片变清晰技法 5

实例思路

使用通道和滤镜，可将模糊照片转换为清晰自然的完美照片。本例将讲解使用通道和滤镜使照片清晰化的操作方法和相关技巧，操作流程如图 8-34 所示。

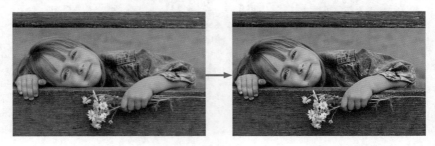

图 8-34

实例要点

▶ 打开文档

▶ 复制选区、新建 Alpha 通道并粘贴选区内容

▶ 应用 "查找边缘" 滤镜

▶ "色阶" 调整图层

▶ "高斯模糊" 滤镜

▶ "USM 锐化" 滤镜

▶ 调出选区

▶ 设置混合模式和不透明度

操作步骤

步骤01 执行菜单栏中的 "文件 | 打开" 命令或按 Ctrl+O 组合键，打开随书附带的 "素材 \ 第 8 章 \ 模糊照片 5.jpg" 素材，如图 8-35 所示。

图 8-35

步骤02 按 Ctrl+A 组合键全选，再按 Ctrl+C 组合键复制选区内容，打开 "通道" 面板并创建 Alpha 1 通道，按 Ctrl+V 组合键粘贴选区内的图像，如图 8-36 所示。

图 8-36

步骤 03 按 Ctrl+D 组合键去掉选区，执行菜单栏中的"滤镜 | 风格化 | 查找边缘"命令，显示图像边缘，效果如图 8-37 所示。

步骤 04 执行菜单栏中的"图像 | 调整 | 色阶"命令，打开"色阶"对话框，其中的参数设置如图 8-38 所示。

图 8-37

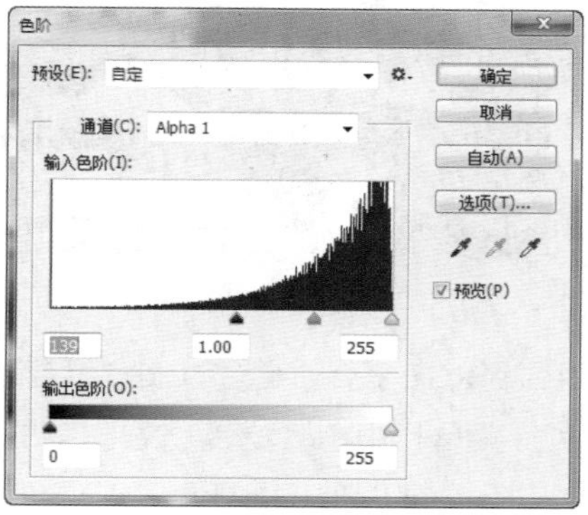

图 8-38

步骤 05 设置完成单击"确定"按钮，效果如图 8-39 所示。

步骤 06 执行菜单栏中的"滤镜 | 模糊 | 高斯模糊"命令，打开"高斯模糊"对话框，其中的参数设置如图 8-40 所示。

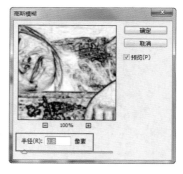

图 8-39

图 8-40

步骤 07 设置完成单击"确定"按钮，如图 8-41 所示。

步骤 08 再次执行菜单栏中的"图像 | 调整 | 色阶"命令，打开"色阶"对话框，其中的参数设置如图 8-42 所示。

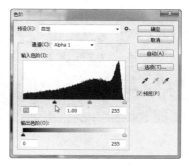

图 8-41

图 8-42

步骤09 设置完成单击"确定"按钮，效果如图 8-43 所示。

步骤10 按 Ctrl 键单击 Alpha 1 通道缩览图载入选区，并按 Shift+Ctrl+I 组合键反选选区，如图 8-44 所示。

图 8-43

图 8-44

步骤11 返回到 RGB 复合通道，按 Ctrl+J 组合键通过复制选区内容得到"图层 1"图层，如图 8-45 所示。

步骤12 执行菜单栏中的"滤镜 | 锐化 | USM 锐化"命令，弹出"USM 锐化"对话框，其中的参数设置如图 8-46 所示。

图 8-45

图 8-46

步骤13 设置完成单击"确定"按钮，效果如图 8-47 所示。

步骤14 执行菜单栏中的"编辑 | 渐隐 USM 锐化"命令，弹出"渐隐"对话框，其中的参数设置如图 8-48 所示。

图 8-47

图 8-48

步骤15 设置完成单击"确定"按钮，设置"混合模式"为"强光"，设置"不透明度"为

43%，如图 8-49 所示。

步骤16 至此本例制作完成，最终效果如图 8-50 所示。

图 8-49

图 8-50

实例 86 数码照片变清晰技法 6

实例思路

　　通过"减少杂色"滤镜命令不但能够去除照片中的轻微噪点，还可以将照片调整的清晰一些，具体操作流程如图 8-51 所示。

图 8-51

实例要点

▶ "打开"命令的使用

▶ "减少杂色"滤镜命令

操作步骤

步骤01 执行菜单栏中的"文件 | 打开"命令或按 Ctrl+O 组合键，打开随书附带的"素材 \ 第 8 章 \ 模糊照片 06.jpg"素材，如图 8-52 所示。

步骤02 执行菜单栏中的"滤镜 | 杂色 | 减少杂色"命令，打开"减少杂色"对话框，其中的参数设置如图 8-53 所示。

步骤03 设置完成单击"确定"按钮，至此本例制作完成，最终效果如图 8-54 所示。

图 8-52

图 8-53

图 8-54

本章习题与练习

练习

打开一张模糊照片，将其调整的清晰一些。

习题

1. 在 Photoshop 中能够将涂抹区域在视觉上变得清晰一些的工具是（　　）。

    A. 涂抹工具　　　　B. 减淡工具　　　　C. 锐化工具　　　　D. 加深工具

2. Photoshop 中能够将照片调整的清晰一些的滤镜是（　　）。

    A. USM 锐化　　　　B. 波浪　　　　　C. 海洋波纹　　　　D. 照亮边缘

3. 反选选区的快捷键是（　　）。

    A. Shift+Ctrl+I　　　B. Alt+Ctrl+R　　　C. Ctrl+V　　　　D. Ctrl+X

第9章

为照片添加边框与艺术修饰

在数码照片的后期处理中，常常会添加一些边框或文字对照片进行修饰，这样不仅可以使得照片的主题更加突出，也能够使照片富有艺术感染力。本章主要向读者介绍如何为数码照片添加边框与艺术修饰效果。

▶▶ 擦除图像制作不规则边框　　▶▶ 为照片添加文字

▶▶ 为照片添加防伪　　　　　　▶▶ 为照片添加云彩修饰

▶▶ 为照片添加艺术边框　　　　▶▶ 为照片添加可爱描边字

实例87 擦除图像制作不规则边框

实例思路

擦除图像边缘产生融合效果，使图像更具有观赏感，本例使用 Photoshop 中的橡皮擦工具对图像进行局部擦除产生不规则边缘效果，具体操作流程如图 9-1 所示。

图 9-1

实例要点

▶ 打开文件   ▶ 移动工具
▶ 橡皮擦工具的使用

操作步骤

步骤01 执行菜单栏中的"文件|打开"命令或按Ctrl+O组合键，打开随书附带的"素材\第9章\儿童.jpg、背景.jpg"素材，如图9-2所示。

图 9-2

步骤02 首先使用 ▶️（移动工具），将"儿童"素材图像拖动到"背景"素材中，按 Ctrl+T 组合键调出变换框，拖动控制点将素材缩小并旋转，如图9-3所示。

步骤03 按 Enter 键完成变换，在"图层"面板中设置"混合模式"为"正片叠底"，效果如图9-4所示。

图 9-3

图 9-4

步骤04 选择▨（橡皮擦工具），在"画笔"拾色器中选择"滴溅 59 像素"，如图 9-5 所示。

步骤05 使用▨（橡皮擦工具）在图像的边缘处进行擦除，效果如图 9-6 所示。

步骤06 执行菜单栏中的"文件|打开"命令或按 Ctrl+O 组合键，打开随书附带的"素材\第9章\儿童2.jpg"素材，如图 9-7 所示。

步骤07 再使用▸⊹（移动工具），将"儿童 2"素材图像拖动到"背景"图层的素材中，按 Ctrl+T 组合键调出变换框，拖动控制点将素材缩小并移动到合适位置，如图 9-8 所示。

图 9-5

图 9-6

图 9-7

图 9-8

步骤08 按 Enter 键完成变换，设置"混合模式"为"变暗"，效果如图 9-9 所示。

步骤09 选择▨（橡皮擦工具），在"画笔"拾色器中选择"滴溅 59 像素"，在"图层 2"图层对应的图像边缘处进行涂抹，效果如图 9-10 所示。

图 9-9

图 9-10

步骤⑩ 至此完成本例的制作，最终效果如图 9-11 所示。

图 9-11

 实例 88　为照片添加防伪

（**实例思路**）--

　　自己的照片如果不想让别人使用，我们可以为照片添加一些文字或图形，但是对于 Photoshop 来说，简单的图形或文字非常容易被修掉，本例讲解一种定义图案的方法，再将图形和文字进行满屏填充，具体操作流程如图 9-12 所示。

图 9-12

实例要点 -

▶▶ 新建文档　　　　　　　　　　　▶▶ "描边"命令的使用

▶▶ 新建图层　　　　　　　　　　　▶▶ 输入文字

▶▶ 直线工具的使用　　　　　　　　▶▶ 定义图案

▶▶ 椭圆选框工具的使用　　　　　　▶▶ 填充图案

- -

操作步骤 -

步骤 01 执行菜单栏中的"文件|新建"命令或按 Ctrl+N 组合键,新建一个正方形的文档,将"背景色"设置为"黑色",如图 9-13 所示。

步骤 02 新建一个"图层 1"图层,使用 ✏ (直线工具)绘制两条"粗细"为 3 像素的白色交叉线,效果如图 9-14 所示。

图 9-13　　　　　　　　　　图 9-14

步骤 03 使用 ⬭ (椭圆选框工具)在中心位置绘制一个正圆选区,如图 9-15 所示。

步骤 04 执行菜单栏中的"编辑|描边"命令,打开"描边"对话框,其中的参数设置如图 9-16 所示。

步骤 05 设置完成单击"确定"按钮,效果如图 9-17 所示。

图 9-15　　　　　　　　　图 9-16　　　　　　　　　图 9-17

步骤 06 按 Ctrl+D 组合键去掉选区,再使用 ⬭ (椭圆选框工具)在中心位置绘制一个小一点的正圆选区,如图 9-18 所示。

步骤 07 按 Delete 键去掉选区内容,效果如图 9-19 所示。

步骤 08 执行菜单栏中的"编辑|描边"命令,打开"描边"对话框,其中的参数设置如图 9-20 所示。

图 9-18　　　　　　　　　图 9-19　　　　　　　　　图 9-20

步骤 09 设置完成单击"确定"按钮，效果如图 9-21 所示。

步骤 10 使用 T.（横排文字工具）在直线和圆环内输入白色文字，效果如图 9-22 所示。

步骤 11 按 Ctrl+A 组合键调出整个图像的选区，如图 9-23 所示。

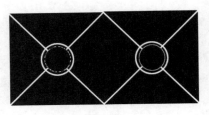

图 9-21

图 9-22

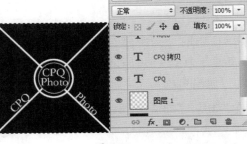

图 9-23

步骤 12 执行菜单栏中的"编辑 | 定义图案"命令，打开"图案名称"对话框，设置"名称"为"我的图案"，如图 9-24 所示。

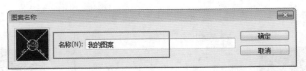

图 9-24

步骤 13 设置完成单击"确定"按钮，此时会将图案进行保存，执行菜单栏中的"文件 | 打开"命令或按 Ctrl+O 组合键，打开随书附带的"素材 \ 第 9 章 \ 木墙 .jpg"素材，如图 9-25 所示。

步骤 14 在打开的素材中新建一个"图层 1"图层，执行菜单栏中的"编辑 | 填充"命令，打开"填充"对话框，其中的参数设置如图 9-26 所示。

图 9-25

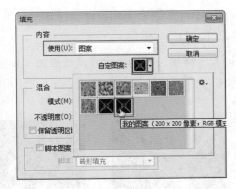

图 9-26

技巧：定义后的图案，会自动放置到上次使用的"图案"内容组中。

步骤⑮ 设置完成单击"确定"按钮，效果如图 9-27 所示。

步骤⑯ 在"图层"面板中设置"混合模式"为"线性减淡"，设置"不透明度"为 20%，至此本例制作完成，最终效果如图 9-28 所示。

图 9-27

图 9-28

技巧：根据打开素材的大小不同，可以通过执行菜单栏中的"图层|新建填充图层|图案"命令，在打开的"图案填充"对话框中调整"缩放"选项即可，最后通过设置"混合模式"和"不透明度"来达到预期效果，如图 9-29 所示。

图 9-29

技巧：定义后的图案可以应用到多张照片中，为其创建统一的防伪标识，如图 9-30 所示。

图 9-30

实例 89　为照片添加艺术边框

实例思路

为照片添加一个艺术边框，可以大大增加照片的欣赏程度，本例通过通道为照片添加一个比较艺术的边框效果，具体操作流程如图 9-31 所示。

图 9-31

实例要点

▶▶ 打开文档　　　　　　　　　　　　　　▶▶ 新建 Alpha1 通道

▶▶ 新建图层　　　　　　　　　　　　　　▶▶ "彩色半调"滤镜的应用

▶▶ 应用"拼贴"滤镜　　　　　　　　　　▶▶ 调出选区清除图层内容

▶▶ 设置"混合模式"　　　　　　　　　　▶▶ 新建渐变图层

▶▶ "高斯模糊"滤镜的应用

操作步骤

步骤01 执行菜单栏中的"文件 | 打开"命令或按 Ctrl+O 组合键，打开随书附带的"素材\第9 章 \ 美女 .jpg"素材，如图 9-32 所示。

步骤02 新建一个"图层 1"图层，将其填充为黑色，如图 9-33 所示。

步骤03 将"前景色"设置为白色，执行菜单栏中的"滤镜 | 风格化 | 拼贴"命令，打开"拼贴"对话框，其中的参数设置如图 9-34 所示。

图 9-32　　　　　　　　　　图 9-33

步骤04 设置完成单击"确定"按钮，效果如图 9-35 所示。

步骤05 设置"混合模式"为"线性减淡"，按 Ctrl+J 组合键复制一个"图层 1 拷贝"图层，效果如图 9-36 所示。

步骤 06 选择"图层 1"图层，执行菜单栏中的"滤镜 | 模糊 | 高斯模糊"命令，打开"高斯模糊"对话框，其中的参数设置如图 9-37 所示。

图 9-34 图 9-35

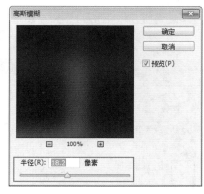

图 9-36 图 9-37

步骤 07 设置完成单击"确定"按钮，效果如图 9-38 所示。

步骤 08 转换到"通道"面板中，新建一个 Alpha1 通道，如图 9-39 所示。

步骤 09 使用 （矩形选框工具）绘制一个"羽化"为 30 像素的矩形选区，再将其填充为白色，如图 9-40 所示。

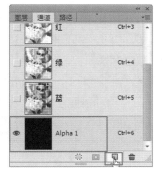

图 9-38 图 9-39 图 9-40

步骤 10 按 Ctrl+D 组合键去掉选区，执行菜单栏中的"滤镜 | 像素化 | 彩色半调"命令，打开"彩

色半调"对话框,其中的参数设置如图9-41所示。

步骤⑪ 设置完成单击"确定"按钮,效果如图9-42所示。

图 9-41   图 9-42

步骤⑫ 按住 Ctrl 键单击 Alpha1 通道的缩览图,调出选区后选择复合通道,再转换到"图层"面板中,分别选择"图层 1"和"图层 1 拷贝"图层,按 Delete 键清除选区内容,效果如图 9-43所示。

图 9-43

步骤⑬ 按 Ctrl+D 组合键去掉选区,单击◢(创建新的填充或调整图层)按钮,在弹出的菜单中选择"渐变"选项,弹出"渐变填充"对话框,其中的参数设置如图 9-44 所示。

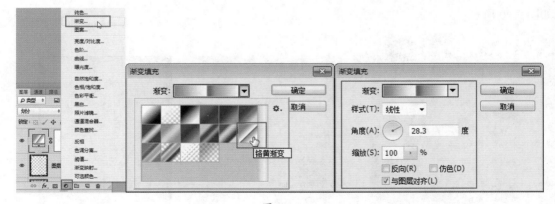

图 9-44

步骤⑭ 调整完成后单击"确定"按钮,在"图层"面板中设置"混合模式"为"划分",至此本例制作完成,最终效果如图 9-45 所示。

图 9-45

实例 90 　为照片添加文字

◖实例思路◗ ─────────────────────────────

　　为照片添加合适的文字，可以起到画龙点睛的效果，更加能突出数码照片的主题，具体操作流程如图 9-46 所示。

图 9-46

◖实例要点◗ ─────────────────────────────

▶▶ "打开"命令的使用

▶▶ "内容识别比例"命令变换图像

▶▶ 设置"混合模式"和"不透明度"

▶▶ "高斯模糊"滤镜的应用

▶▶ 渐变填充

▶ 编辑图层蒙版

▶ 输入文字

▶ 绘制直线

▶ 添加"投影"和"描边"样式

◖操作步骤◗ ─────────────────────────────

步骤 01 执行菜单栏中的"文件|打开"命令或按 Ctrl+O 组合键，打开随书附带的"素材\第 9 章\美

女 2.jpg"素材，如图 9-47 所示。

步骤02 复制"背景"图层得到一个"背景 拷贝"图层，执行菜单栏中的"编辑 | 内容识别比例"
命令，调出变换框后拖动控制点，将人物以外的区域调整得大一点，如图 9-48 所示。

图 9-47 图 9-48

其中的各项含义如下：

● 数量：用于设置内容识别比例的阈值，最大限度地降低扭曲度，输入数值为 0~100%，
数值越大识别效果越好。

● 保护：用来选择"通道"作为保护区域。

● 保护肤色：单击该按钮，系统在识别时会自动保护人物肤色区域，如图 9-49 所示。

皮肤区域被保护起来，
变换时没有变形

图 9-49

> **技巧**："内容识别比例"命令指的是可以根据变换框的变换，来改变选区内特定区域
> 像素的变换效果，应用该命令后，系统会自动根据图像的特点来对图像进行变
> 换处理。

步骤03 按 Enter 键完成变换，执行菜单栏中的"文件 |
打开"命令或按 Ctrl+O 组合键，打开随书附带的"素
材 \ 第 9 章 \ 圆点 .jpg"素材，如图 9-50 所示。

步骤04 使用 ![移动工具] （移动工具）将"圆点"素材图像拖曳
到"美女 2"文档中，设置"混合模式"为"滤色"，
设置"不透明度"为 61%，效果如图 9-51 所示。

图 9-50

图 9-51

步骤 05 单击 ▣（添加图层蒙版）按钮，为"图层 1"图层添加一个图层蒙版，使用 ✐（画笔工具）在蒙版中人物区域涂抹黑色，如图 9-52 所示。

步骤 06 按 Ctrl+J 组合键复制"图层 1"图层，得到一个"图层 1 拷贝"图层，选择图像缩览图，执行菜单栏中的"滤镜 | 模糊 | 高斯模糊"命令，打开"高斯模糊"对话框，其中的参数设置如图 9-53 所示。

图 9-52

图 9-53

步骤 07 设置完成单击"确定"按钮，设置"不透明度"为 100%，效果如图 9-54 所示。

图 9-54

步骤 08 新建一个"图层 2"图层，选择 ▣（渐变工具），在属性栏中单击"渐变拾色器"，打开"渐变编辑器"对话框，设置从左到右的颜色依次为红色、粉色和绿色，如图 9-55 所示。

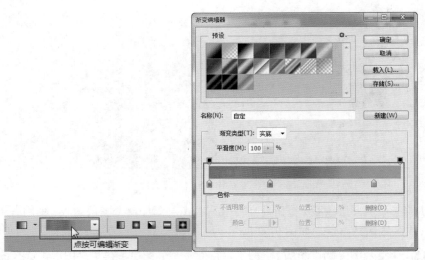

图 9-55

其中的各项含义如下：

● 预设：显示当前渐变组中的渐变类型，可以直接选择。

● 名称：当前选取渐变色的名称，可以自行定义渐变名称。

● 渐变类型：在渐变类型下拉列表中包括：实底和杂色，在选择不同类型时参数和设置
效果也会随之改变。选择"实底"时，参数设置的变化如图 9-56 所示；选择"杂色"
时，参数设置的变化如图 9-57 所示。

图 9-56

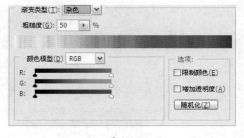

图 9-57

● 平滑度：用来设置颜色过渡时的平滑均匀度，数值越大过渡越平稳。

● 色标：用来对渐变色的颜色与不透明度以及颜色和不透明度的位置进行控制的区域，
选择"颜色色标"时，可以对当前色标对应的颜色和位置进行设定；选择"不透明度
色标"时，可以对当前色标对应的不透明度和位置进行设定。

● 粗糙度：用来设置渐变颜色过渡时的粗糙程度。输入的数值越大，渐变填充就越粗糙，
取值范围是 0 ~ 100%。

● 颜色模型：在下拉列表中可以选择的模型包括 RGB、HSB 和 LAB 三种，选择不同模型
后，通过下面的颜色条来确定渐变颜色。

● 限制颜色：可以降低颜色的饱和度。

● 增加透明度：可以降低颜色的透明度。

● 随机化：单击该按钮，可以随机设置渐变颜色。

步骤09 使用 ■.（渐变工具）在"图层 2"图层中填充"菱形渐变"，设置"混合模式"为"柔光"，设置"不透明度"为 59%，如图 9-58 所示。

图 9-58

步骤10 按住 Alt 键的同时在"图层"面板中拖动"图层 1"图层中的图层蒙版缩览图，将蒙版进行复制，如图 9-59 所示。

步骤11 在"图层 2"图层的蒙版缩览图中双击，打开"蒙版"属性面板，其中的参数设置如图 9-60 所示。

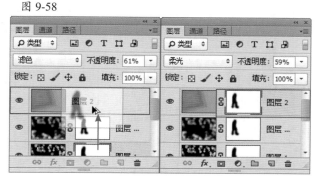

图 9-59

图 9-60

步骤12 在图像的右侧输入中文和英文，并为其设置自己喜欢的颜色，中文字体设置为"幼圆"，英文字体设置为 Amazone BT，效果如图 9-61 所示。

步骤13 使用 ∕.（直线工具）在文字区域绘制绿色直线，如图 9-62 所示。

步骤14 选择其中的一个文字图层，执行菜单栏中的"图层 | 图层样式 | 混合选项"命令，打开"图层样式"对话框，分别勾选"描边""投影"复选框，其中的参数设置如图 9-63 所示。

图 9-61

图 9-62

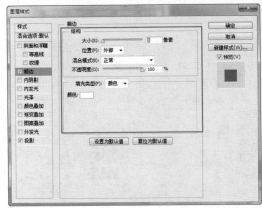

图 9-63

步骤⑮ 设置完成单击"确定"按钮，效果如图 9-64 所示。

步骤⑯ 使用同样的方法，为其他图层添加图层样式，效果如图 9-65 所示。

图 9-64

图 9-65

技巧：在"图层"面板中已经应用图层样式的图层上右击，在弹出的快捷菜单中选择"拷贝图层样式"选项，然后在没有应用图层样式的图层上右击，在弹出的快捷菜单中选择"粘贴图层样式"选项，会将图层样式进行复制，如图 9-66 所示。

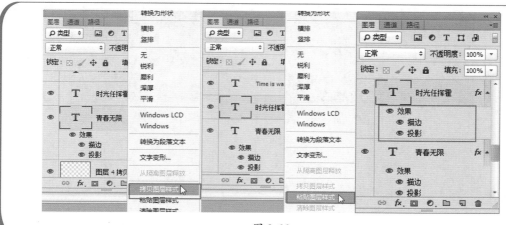

图 9-66

步骤 ⑰ 执行菜单栏中的"文件 | 打开"命令或按 Ctrl+O 组合键,打开随书附带的"素材\第9章\星空.jpg"素材,如图 9-67 所示。

步骤 ⑱ 使用 ▶⊕(移动工具)将"圆点"素材图像拖曳到"美女 2"文档中,设置"混合模式"为"变亮",至此本例制作完成,最终效果如图 9-68 所示。

图 9-67

图 9-68

实例 91 为照片添加云彩修饰

实例思路

为照片添加艺术图形,不但可以美化照片,还可以增加照片的趣味性和艺术性,本例通过为照片添加缠绕云彩,向读者介绍如何使用画笔描边路径,以及路径与画笔等工具的结合使用,操作流程如图 9-69 所示。

图 9-69

实例要点

▶▶ 打开文档 　　　　　　▶▶ 设置"混合模式"和"不透明度"

▶▶ 新建图层 　　　　　　▶▶ 设置画笔

▶▶ 填充色谱线性渐变色　　　▶▶ 画笔描边路径

操作步骤

步骤01 执行菜单栏中的"文件|打开"命令或按Ctrl+O组合键,打开随书附带的"素材\第9章\美女3.jpg"素材,如图9-70所示。

步骤02 新建"图层1"图层,使用█,(渐变工具)在图层中填充"色谱"线性渐变,设置"混合模式"为"柔光",设置"不透明度"为28%,效果如图9-71所示。

图 9-70

图 9-71

步骤03 新建"图层2"图层,使用✍(钢笔工具)围绕人物创建一条路径,如图9-72所示。

步骤04 在工具箱中选择✍(画笔工具),按F5键打开"画笔"面板,分别设置画笔的各项功能,如图9-73所示。

图 9-72

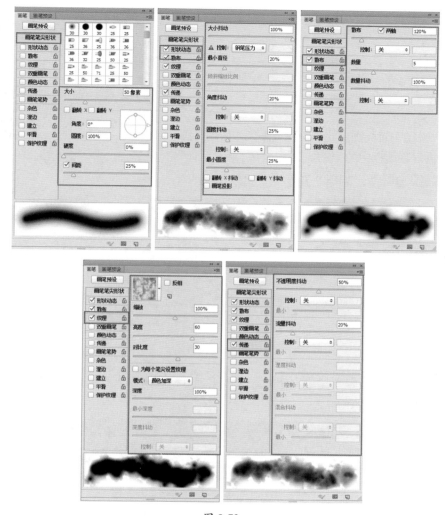

图 9-73

技巧：设置好的画笔，根据描边文档的大小，来随时调整画笔大小。

步骤 05 在"路径"弹出菜单中选择"描边路径"选项，系统会打开"描边路径"对话框，在该对话框中勾选"模拟压力"复选框，如图 9-74 所示。

图 9-74

步骤 06 将"前景色"设置为白色，单击"确定"按钮，如图 9-75 所示。

> 提示：由于设置了"钢笔压力"，所以描边的云彩两头会越来越细。

图 9-75

步骤 07 在"路径"面板空白处单击隐藏路径，回到"图层"面板，执行菜单栏中的"图层 | 图层蒙版 | 显示全部"命令，为图层添加蒙版，如图 9-76 所示。

图 9-76

步骤 08 将"前景色"设置为黑色，使用 （画笔工具）在围绕人物的云彩上进行涂抹，将蒙版进行编辑，如图 9-77 所示。

图 9-77

步骤 09 使用 （自定形状工具）在页面中绘制一个心形路径，效果如图 9-78 所示。

图 9-78

步骤⑩ 选择 （画笔工具），新建"图层 3"图层，打开"路径"面板，单击 （用画笔描边路径）按钮，此时会在心形路径上描上一层白色的云彩，如图 9-79 所示。

图 9-79

步骤⑪ 在"路径"面板的空白处单击隐藏路径，回到"图层"面板中，按 Ctrl+J 组合键复制"图层 1"图层得到"图层 1 拷贝"图层，按 Ctrl+T 组合键调出变换框，拖动控制点将云彩图像缩小，如图 9-80 所示。

图 9-80

步骤⑫ 按 Enter 键完成实例的制作，最终效果如图 9-81所示。

图 9-81

实例 92　为照片添加可爱描边字

(实例思路)

在 Photoshop 中，可以通过图层样式的功能制作出许多特殊效果的文字，本例使用 Photoshop 软件在照片中添加可爱的描边文字，以达到丰富照片的效果，具体操作流程如图 9-82所示。

图 9-82

实例要点

▶ 新建文档 ▶ 栅格化图层样式
▶ 定义图案 ▶ 应用"投影"图层样式
▶ 打开文档 ▶ 绘制定义的画笔
▶ 应用"描边和渐变叠加"图层样式

操作步骤

步骤01 执行菜单栏中的"文件 | 新建"命令或按 Ctrl+N 组合键，新建一个正方形的文档，将"背景色"设置为白色，使用 ▣ （多边形工具）绘制一个黑色五角星，如图 9-83 所示。

步骤02 执行菜单栏中的"编辑 | 定义画笔预设"命令，打开"画笔名称"对话框，设置"名称"为"五角星"，如图 9-84 所示。

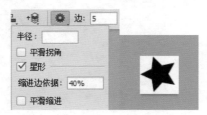

图 9-83

图 9-84

步骤03 设置完成单击"确定"按钮，将绘制的五角星定义成画笔以备后用。执行菜单栏中的"文件 | 打开"命令或按 Ctrl+O 组合键，打开随书附带的"素材 \ 第 9 章 \ 儿童 3.jpg"素材，如图 9-85 所示。

步骤04 使用 Ｔ （横排文字工具）输入英文，如图 9-86 所示。

步骤05 执行菜单栏中的"图层 | 图层样式 | 混合选

图 9-85

图 9-86

项"命令，打开"图层样式"对话框，分别勾选"描边"和"渐变叠加"复选框，其中的参数设置如图 9-87 所示。

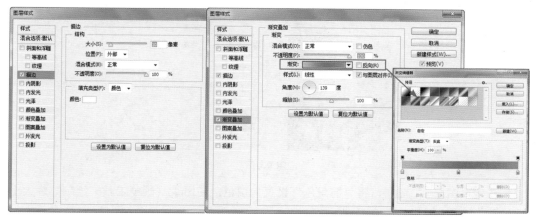

图 9-87

步骤 06 设置完成单击"确定"按钮，效果如图 9-88 所示。

步骤 07 执行菜单栏中的"图层 | 栅格化 | 图层样式"命令，将图层样式进行栅格化处理，如图 9-89 所示。

图 9-88

图 9-89

步骤 08 执行菜单栏中的"图层 | 图层样式 | 投影"命令，打开"图层样式"对话框，在"投影"面板中的参数设置如图 9-90 所示。

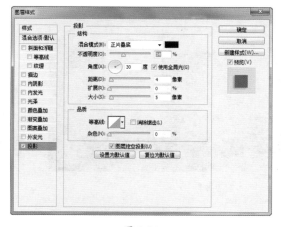

图 9-90

步骤09 设置完成单击"确定"按钮，效果如图 9-91 所示。

图 9-91

步骤10 新建"图层 1"图层，将"前景色"设置为白色，使用 ✎（画笔工具）绘制笔触大小不同的五角星画笔，效果如图 9-92 所示。

步骤11 使用 ✿.（自定形状工具）绘制一个心形路径，如图 9-93 所示。

图 9-92

图 9-93

步骤12 选择 T.（横排文字工具），将鼠标移动到心形路径上，当光标变为 ⓘ 形状时单击鼠标，之后输入的文字会在心形框内，如图 9-94 所示。

步骤13 至此本例制作完成，最终效果如图 9-95 所示。

图 9-94

图 9-95

本章习题与练习

练习

打开一张孩子的照片，为其添加文字的防伪。

习题

1. 在 Photoshop 中定义图案时必须是（　　　）。

    A. 矩形　　　　　　　B. 椭圆形　　　　　　C. 六边形　　　　　　D. 星形

2. 要想画笔描边路径时两边变细，必须在"画笔"面板中设置（　　　）。

    A. 平滑　　　　　　　B. 间距　　　　　　　C. 钢笔压力　　　　　D. 渐隐

3. 使用"多边形工具"绘制星形时，必须选中星形和（　　　）。

第10章

抠图换背景

在拍照时往往都会选择自己喜欢的环境作为背景，但有时会在网上看到喜欢的背景又无法到现场拍摄该如何呢？本章就为大家讲解为不同照片进行替换背景的方法。

本章内容

▶▶ 选区抠图　　　　　　　　▶▶ 通过通道抠出半透明婚纱

▶▶ 快速蒙版抠图　　　　　　▶▶ 钢笔精确抠图换背景

▶▶ 图层蒙版抠图　　　　　　▶▶ 人物发丝抠图

▶▶ 通道抠图

实例 93　选区抠图

（实例思路） --

　　更换照片背景对于调整照片来说是非常重要的，不同的背景会将人物带入不同的想象空间，本例使用快速选择工具对当前素材中的人物进行更换背景，具体操作流程如图 10-1 所示。

图 10-1

（实例要点） --

▶ 打开文件　　　　　　　　　　　▶ 复制与粘贴选区的内容

▶ 快速选择工具　　　　　　　　　▶ 图层蒙版

（操作步骤） --

步骤 01　执行菜单栏中的"文件 | 打开"命令或按 Ctrl+O 组合键，打开随书附带的"素材 \ 第 10 章 \ 小朋友 .jpg"素材，如图 10-2 所示。

步骤 02　使用 ▨（快速选择工具）对其中的人物进行选取，在工具箱中选择 ▨（快速选择工具），设置"画笔半径"为 25，为人物创建选区，如图 10-3 所示。

图 10-2

图 10-3

步骤03 此时发现人物腿部空隙处也被选取了，下面就将其去除，在属性栏中单击 （从选区中减去）按钮，在两腿中间处拖动以去除选区，如图10-4所示。

步骤04 按Ctrl+C组合键复制选区内的图像，再执行菜单栏中的"文件|打开"命令或按Ctrl+O组合键，打开随书附带的"素材\第10章\背景1.jpg"素材，如图10-5所示。

图 10-4

图 10-5

步骤05 素材打开后按Ctrl+V组合键粘贴复制的选区内容，将其移动到左面并将图层命名为"小朋友"，如图10-6所示。

图 10-6

步骤06 按Ctrl+T组合键调出变换框，拖动控制点将小朋友缩小一点，并将其拖曳到合适位置，如图10-7所示。

步骤07 按Enter键完成变换，此时发现小朋友踩的树桩有一部分遮住了背景的图案。下面将树桩隐藏，单击 （添加图层蒙版）按钮，为"小朋友"图层添加空白蒙版，如图10-8所示。

图 10-7

图 10-8

步骤 08 将"前景色"设置为黑色,使用 （画笔工具）在人物踩的树桩部位涂抹,效果如图 10-9 所示。

图 10-9

步骤 09 至此完成本例的制作,最终效果如图 10-10 所示。

图 10-10

实例 94 快速蒙版抠图

实例思路

替换背景时所用的抠图方法非常多,在具体使用时最好按照当前图像所具有的特点来进行细致的抠图,所谓的抠图无非是创建要保留的选取部位,删除多余部分,本例使用 Photoshop 快速蒙版进行抠图,具体操作流程如图 10-11 所示。

图 10-11

实例要点 --

- ▶▶ 打开文档
- ▶▶ 快速蒙版模式
- ▶▶ 画笔工具编辑蒙版
- ▶▶ 复制粘贴选区的内容

- ▶▶ "反向"命令的使用
- ▶▶ 创建矩形选区
- ▶▶ "内容识别比例"命令的使用

操作步骤 --

步骤01 执行菜单栏中的"文件|打开"命令或按Ctrl+O组合键,打开随书附带的"素材\第10章\小朋友2.jpg"素材,如图10-12所示。

步骤02 在工具箱中单击▣(以快速蒙版模式编辑)按钮,进入到快速蒙版状态,使用 (画笔工具)在照片中的人物上进行涂抹,效果如图10-13所示。

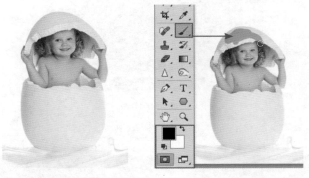

图 10-12　　　　　　　　　图 10-13

步骤03 使用 (画笔工具)在人物的身上进行细致的涂抹,直到涂满整个人物及下面的平台,涂抹过程如图10-14所示。

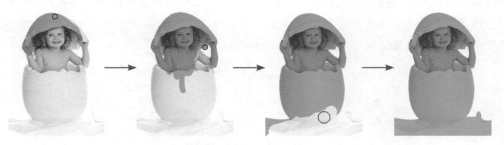

图 10-14

> **提示:** 在涂抹过程中如果涂到了人物的外面,只要将"前景色"设置为白色,使用画
> 笔在上面涂抹就会取消多余的部分,如图10-15所示。

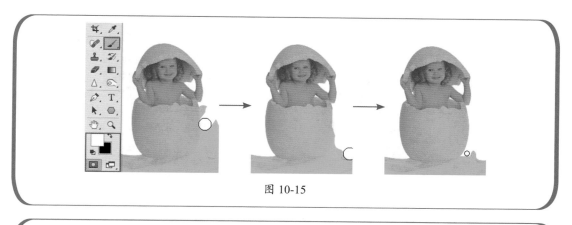

图 10-15

> **技巧**: 在涂抹时，如果遇到细微的位置，可以缩小画笔的直径进行细致的涂抹，缩放画笔直径的快捷键为"[、]"，按 [键可以快速缩小直径，按] 键可以快速放大画笔直径。

步骤 04 人物涂抹完成后单击工具箱中的 ▣（以标准模式编辑）按钮，即可调出选区，此时的选区为反选，效果如图 10-16 所示。

> **技巧**: 在"快速蒙版状态"转换为"标准模式"时，按住 Alt 键可以将涂抹的区域变为选区。

步骤 05 执行菜单栏中的"选择|反向"命令或按 Ctrl+Shift+I 组合键将选区反选，如图 10-17 所示。

图 10-16

图 10-17

步骤 06 按 Ctrl+C 组合键复制选区内的图像，再执行菜单栏中的"文件|打开"命令或按 Ctrl+O 组合键，打开随书附带的"素材\第 10 章\背景 2.jpg"素材，如图 10-18 所示。

步骤 07 素材打开后按 Ctrl+V 组合键粘贴复制的选区内容，将图层命名为"小朋友"，如图 10-19 所示。

图 10-18

图 10-19

步骤 08 按 Ctrl+T 组合键调出变换框，拖动控制点
将其放大，效果如图 10-20 所示。

步骤 09 按 Enter 键完成变换，使用 ▦（矩形选框工
具）在底部的图像上创建矩形选区，执行菜单栏中
的"编辑 | 内容识别比例"命令调出变换框并拖动
控制点，将选区内的图像拉宽，效果如图 10-21 所示。

图 10-20

步骤 10 按 Enter 键完成变换，按 Ctrl+D 组合键去
掉选区。使用同样的方法将右侧拉宽，效果如图 10-22 所示。

步骤 11 按 Enter 键完成变换，按 Ctrl+D 组合键去掉选区。至此本例制作完成，最终效果如图 10-23
所示。

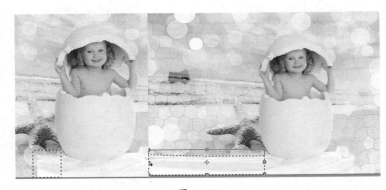

图 10-21

图 10-22

图 10-23

实例 95　图层蒙版抠图

实例思路

　　本例通过 Photoshop 软件来讲解使用图层蒙版去掉图像背景的方法，具体操作流程如图 10-24 所示。

图 10-24

实例要点

▶ 打开文档 ▶ "画笔工具" 的使用
▶ 添加图层蒙版 ▶ "色相 / 饱和度" 调整图像
▶ 编辑图层蒙版

操作步骤

步骤 01　执行菜单栏中的 "文件 | 打开" 命令或按 Ctrl+O 组合键，打开随书附带的 "素材 \ 第 10 章 \ 模特 .jpg 和背景 3.jpg" 素材，如图 10-25 所示。

图 10-25

步骤 02　使用 （移动工具）将 "模特" 素材图像拖动到 "背景 3" 文档中，效果如图 10-26 所示。
步骤 03　执行菜单栏中的 "编辑 | 变换 | 水平翻转" 命令，将模特图像水平翻转，效果如图 10-27 所示。
步骤 04　单击 （添加图层蒙版）按钮，为 "图层 1" 图层新建一个空白蒙版，使用 （画笔工具）在除人物以外的位置涂抹黑色，效果如图 10-28 所示。

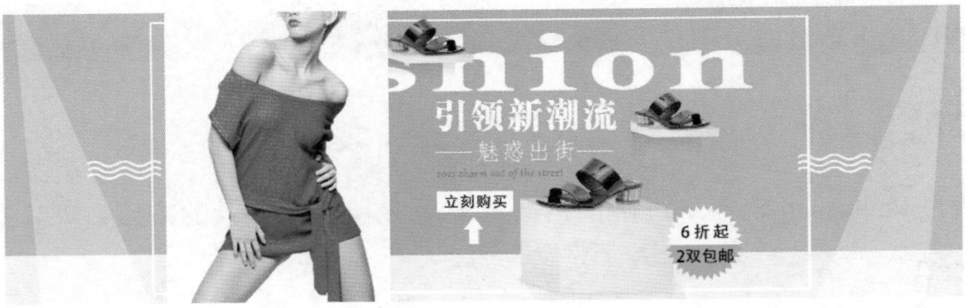

图 10-26

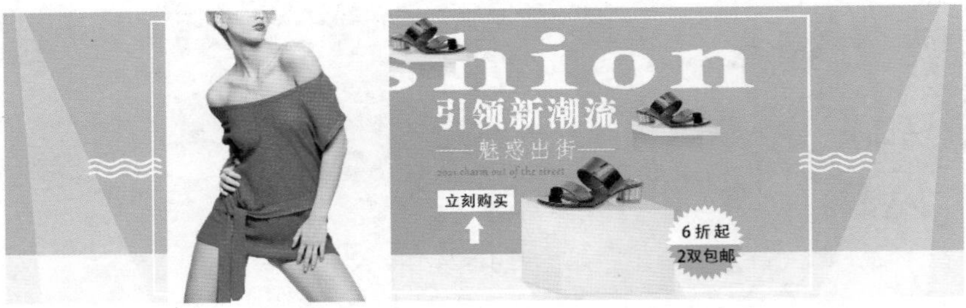

图 10-27

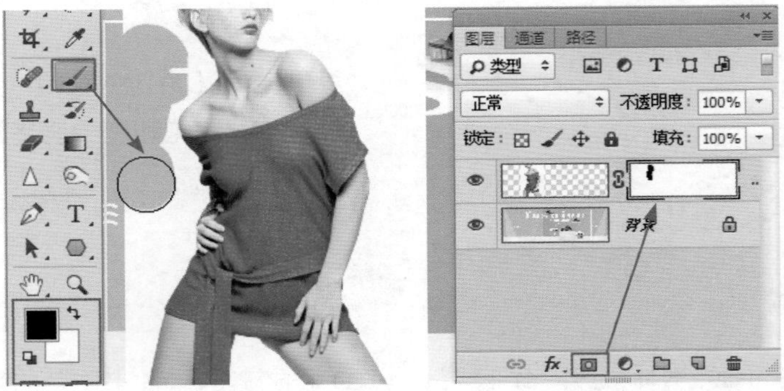

图 10-28

技巧：（橡皮擦工具）编辑蒙版时，需要设置“背景色”，（画笔工具）编辑蒙版时，需要设置“前景色”。

步骤05 使用（画笔工具）在除人物以外的位置进行涂抹，涂抹时随时调整画笔大小，使其只显示人物，操作过程如图 10-29 所示。

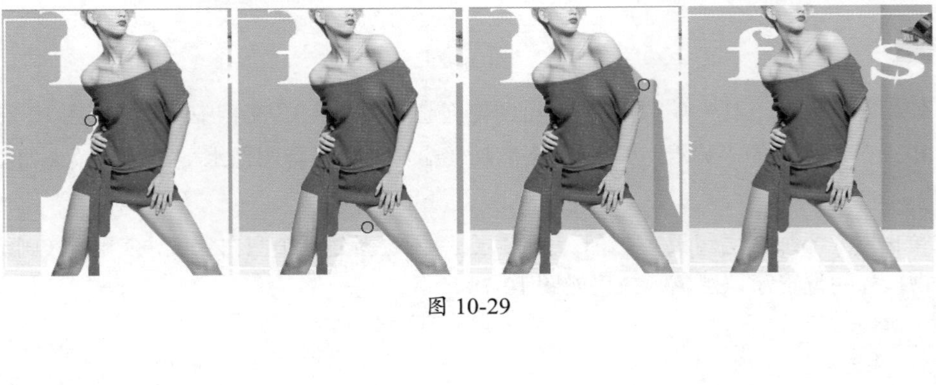

图 10-29

技巧：使用 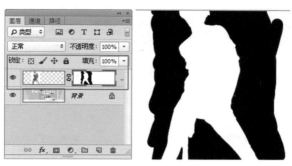（画笔工具）涂抹时，在英文状态下按 [键缩小画笔，按] 键放大画笔。

步骤 06 涂抹完成后的图层面板如图 10-30 所示。

图 10-30

步骤 07 选择 （画笔工具），在属性栏中设置"不透明度"为 50%，在人物头发区域再进行细心的涂抹，效果如图 10-31 所示。

步骤 08 单击 （创建新的填充或调整图层）按钮，在弹出的菜单中选择"色相 / 饱和度"命令，打开"色相 / 饱和度"属性面板，单击 （此调整剪切到此图层）按钮，选择"调整范围"为洋红，如图 10-32 所示。

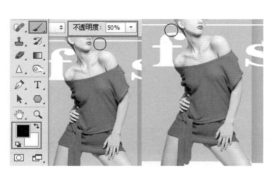

图 10-31

图 10-32

步骤 09 使用 （吸管工具）在人物的衣服上单击，如图 10-33 所示。

步骤 10 调整"色相 / 饱和度"属性面板中的参数，如图 10-34 所示。

图 10-33

图 10-34

步骤⑪ 调整完成后效果如图 10-35 所示。

图 10-35

步骤⑫ 在"图层"面板中选择"色相/饱和度"
调整图层的蒙版缩览图，使用 [画笔工具]（画笔工具）在
人物嘴唇和面部进行涂抹，效果如图 10-36 所示。

步骤⑬ 至此本例制作完成，最终效果如图 10-37
所示。

图 10-36

图 10-37

实例 96　通道抠图

实例思路

本例为大家讲解在 Photoshop 中通过"通道"进行抠图的方法，具体操作流程如图 10-38 所示。

图 10-38

实例要点

▶▶ "打开"命令的使用
▶▶ "通道"面板的使用
▶▶ 画笔工具编辑通道

▶▶ 图案填充
▶▶ 渐变填充
▶▶ 色阶调整

操作步骤

步骤01 执行菜单栏中的"文件|打开"命令或按 Ctrl+O 组合键,打开随书附带的"素材\第10章\背影 .jpg 和背景 4.jpg"素材，如图 10-39 所示。

图 10-39

步骤02 使用 ▶ (移动工具)拖动"背影"素材图像到"背景 4"文档中，按 Ctrl+T 组合键调出变换框，拖动控制点将图像缩小，如图 10-40 所示。

步骤03 单击鼠标右键，在弹出的快捷菜单中选择"水平翻转"命令，按 Enter 键完成变换，如图 10-41 所示。

图 10-40

图 10-41

步骤 04 转换到"通道"面板，单击 ▣（创建新通道）按钮，新建 Alpha1 通道，如图 10-42 所示。

步骤 05 在"通道"面板中单击 RGB 复合通道前面的指示图标，在图像中显示所有通道，效果如图 10-43 所示。

图 10-42   图 10-43

步骤 06 将"前景色"设置为白色，使用 ▨（画笔工具）在人物上拖动，效果如图 10-44 所示。

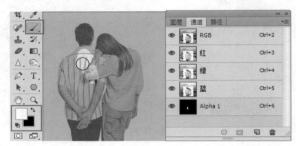

图 10-44

步骤 07 反复调整画笔大小，在人物上拖动，效果如图 10-45 所示。

图 10-45

步骤 08 调整后的通道效果如图 10-46 所示。

步骤 09 隐藏 Alpha1 通道，按住 Ctrl 键单击 Alpha1 通道调出选区，效果如图 10-47 所示。

图 10-46 　　　　　　　　　　　　图 10-47

步骤 10 转换到"图层"面板中，按 Ctrl+Shift+I 组合键将选区反选，按 Delete 键清除选区内容，如图 10-48 所示。

图 10-48

步骤 11 按 Ctrl+D 组合键去掉选区，新建"图层 2"图层，使用 （画笔工具）在人物的左边涂抹半透明黑色，让其产生阴影效果，单击 ◙（添加图层蒙版）按钮添加图层蒙版，使用 ◢（画笔工具）编辑蒙版，设置"不透明度"为 46%，效果如图 10-49 所示。

步骤 12 执行菜单栏中的"图层 | 创建剪贴蒙版"命令，创建剪贴蒙版，效果如图 10-50 所示。

图 10-49 　　　　　　　　　　　　图 10-50

技巧：使用"创建剪贴蒙版"命令可以为图层添加剪贴蒙版效果。剪贴蒙版是使用基底图层中图像的形状来控制上面图层中图像的显示区域。执行菜单栏中的"图层|创建剪贴蒙版"命令或在"图层"面板中两个图层之间按住Alt键，此时光标会变成 形状，单击即可转换上面的图层为剪贴蒙版图层，如图10-51所示。在剪贴蒙版的图层间单击，此时光标会变成 形状，单击可以取消剪贴蒙版设置。

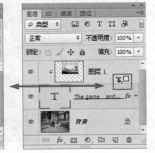

图 10-51

步骤⑬ 单击 （创建新的填充或调整图层）按钮，在弹出的菜单中选择"图案"选项，在打开的"图案填充"对话框中选择"绿色纤维纸"图案，如图10-52所示。

步骤⑭ 设置完成单击"确定"按钮，设置"混合模式"为"饱和度"，效果如图10-53所示。

图 10-52

图 10-53

步骤⑮ 单击 （创建新的填充或调整图层）按钮，在弹出的菜单中选择"渐变"选项，在打开的"渐变填充"对话框中选择"铜色渐变"渐变色，如图10-54所示。

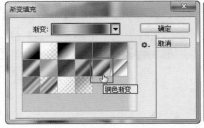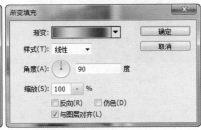

图 10-54

步骤⑯ 设置完成单击"确定"按钮，设置"混合模式"为"柔光"，效果如图10-55所示。

图 10-55

步骤17 单击 ⊘ (创建新的填充或调整图层) 按钮, 在弹出的菜单中选择 "色阶" 选项, 在打开的 "色阶" 对话框中设置各项参数, 如图 10-56 所示。

步骤18 至此本例制作完成, 最终效果如图 10-57 所示。

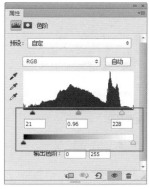

图 10-56

图 10-57

实例 97 通过通道抠出半透明婚纱

实例思路

在抠图的过程中经常会遇到半透明图像, 单纯使用选区或路径是不行的, 只有在通道中结合不同的灰色编辑通道, 才可以将半透明的图像抠出, 本例使用 Photoshop 软件来讲解通过 "通道" 抠出半透明图像的方法, 操作流程如图 10-58 所示。

图 10-58

实例要点

▶ 打开文档　　　　　　　　▶ 画笔编辑通道
▶ 复制通道　　　　　　　　▶ 匹配颜色
▶ 调整色阶

操作步骤

步骤 01 执行菜单栏中的"文件|打开"命令或按Ctrl+O组合键,打开随书附带的"素材\第10章\婚纱.jpg"素材,如图10-59所示。

步骤 02 转换到"通道"面板,拖动"红"通道到 ▣（创建新通道）按钮上,得到"红 拷贝"通道,如图10-60所示。

图 10-59　　　　　　　　　　　　　图 10-60

步骤 03 在菜单栏中执行"图像|调整|色阶"命令,打开"色阶"对话框,其中的参数设置如图10-61所示。

步骤 04 设置完成单击"确定"按钮,效果如图10-62所示。

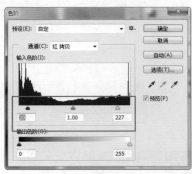

图 10-61　　　　　　　　　　　　　图 10-62

步骤 05 将"前景色"设置为黑色,使用 ▨（画笔工具）在人物以外的位置拖动,将周围填充黑色,效果如图10-63所示。

步骤 06 再将"前景色"设置为白色,使用 ▨（画笔工具）在人物上拖动（切忌不要在透明的位置上涂抹）,效果如图10-64所示。

图 10-63

图 10-64

步骤 07 选择复合通道，按住 Ctrl 键单击"红 拷贝"通道，调出图像的选区，如图 10-65 所示。

图 10-65

步骤 08 按 Ctrl+C 组合键复制选区内的图像，再执行菜单栏中的"文件 | 打开"命令或按 Ctrl+O 组合键，打开随书附带的"素材 \ 第 10 章 \ 公路 .jpg"素材，如图 10-66 所示。

步骤 09 素材打开后按 Ctrl+V 组合键粘贴复制的内容，按 Ctrl+T 组合键调出变换框，拖动控制点将图像进行适当的缩放，效果如图 10-67 所示。

步骤 10 按 Enter 键完成变换，执行菜单栏中的"图像 | 调整 | 匹配颜色"命令，打开"匹配颜色"对话框，其中的参数设置如图 10-68 所示。

步骤 11 设置完成单击"确定"按钮，至此本例制作完成，最终效果如图 10-69 所示。

图 10-66

图 10-67

图 10-68

图 10-69

 实例 98　钢笔精确抠图换背景

(实例思路) --

　　使用选区、蒙版或通道都不能达到精细抠图的效果，但使用钢笔工具就可以非常轻松地将图像边缘清晰化，本例使用 Photoshop 软件来讲解钢笔工具抠图的方法，对比效果如图 10-70 所示。

图 10-70

▶▶ 打开文档

▶▶ "钢笔工具"绘制路径

▶▶ 将路径转换成选区

▶▶ 移动选区内的图像到新背景中

▶▶ 绘制画笔

操作步骤

步骤01 执行菜单栏中的"文件 | 打开"命令或按 Ctrl+O 组合键,打开随书附带的"素材 \ 第 10 章 \ 女鞋 .jpg"素材,如图 10-71 所示。

步骤02 选择 ✐（钢笔工具）,在属性栏中选择"模式"为"路径",再在图像中女鞋边缘单击创建起始点,沿边缘移动到另一点按住鼠标创建路径,连线后拖动鼠标将连线调整为曲线,如图 10-72 所示。

图 10-71   图 10-72

步骤03 按住 Alt 键将指针拖动到锚点上,此时指针右下角出现一个 ↖ 符号,单击鼠标将后面的控制点和控制杆消除,如图 10-73 所示。

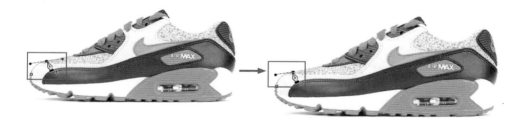

图 10-73

技巧: 在 Photoshop 中使用 ✐（钢笔工具）沿图像边缘创建路径时,创建曲线后当前锚点会同时拥有曲线特性,再创建下一点时如果不是按照上一锚点的曲线方向进行创建,将会出现路径不能按照自己的意愿进行调整的尴尬局面,此时只要结合 Alt 键在曲线的锚点上单击,取消锚点的曲线特性,再进行下一点曲线创建就会非常容易,如图 10-74 所示。

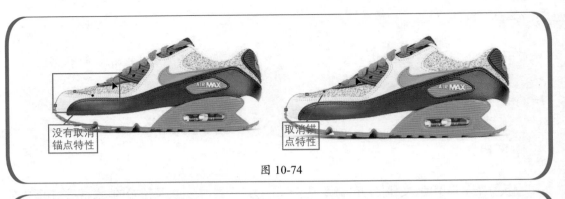

图 10-74

技巧：使用 🖊 （钢笔工具）在页面中选择起点单击，移动到另一点后再单击，会得到
　　　如图 10-75 所示的直线路径，按 Enter 键直线路径绘制完成；使用 🖊 （钢笔工具）
　　　在页面中选择起点单击，拖动到另一点后按住鼠标拖动，会得到如图 10-76 所
　　　示曲线路径，按 Enter 键曲线路径绘制完成；使用 🖊 （钢笔工具）在页面中选择
　　　起点单击，拖动到另一点后按住鼠标拖动，释放鼠标后再拖动到起始点单击，
　　　会得到如图 10-77 所示的封闭路径，按 Enter 键曲线路径绘制完成。

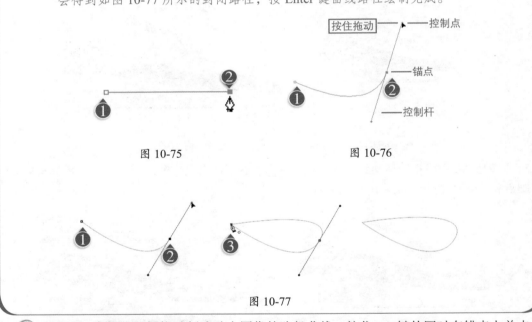

图 10-75　　　　　　　　　　　图 10-76

图 10-77

步骤 04 再到下一点按住鼠标拖动创建贴合图像的路径曲线，按住 Alt 键的同时在锚点上单击，
如图 10-78 所示。

图 10-78

步骤 06 使用同样的方法在鞋子边缘创建路径，过程如图 10-79 所示。

图 10-79

步骤 06 当起点与终点相交时，指针右下角出现一个圆圈，单击鼠标完成路径的创建，如图 10-80 所示。

步骤 07 按 Ctrl+Enter 组合键将路径转换为选区，如图 10-81 所示。

图 10-80   图 10-81

技巧：通过 ✐（钢笔工具）创建的路径是不能直接进行抠图的，先要将创建的路径转换为选区，才可以应用 ▶✛（移动工具）将选区内的图像移动到新背景中。在 Photoshop 中将路径转换为选区的方法有很多，可以直接按 Ctrl+Enter 组合键将路径转换为选区；还可以在"路径"面板中单击 ▣（将路径作为选区载入）按钮将路径转换为选区；也可以直接在属性栏中单击"选区"按钮将路径转换为选区；或者在"弹出"菜单中执行"建立选区"命令，将路径转换为选区，如图 10-82 所示。

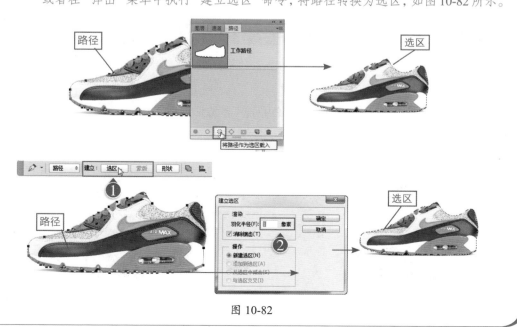

图 10-82

步骤 08 在菜单栏中执行"文件|打开"命令或按Ctrl+O组合键,打开随书附带的"素材\第10章\背景5.jpg"素材,效果如图10-83所示。

步骤 09 使用 ▶✛(移动工具)将"女鞋"选区内的图像拖曳到"背景5"文档中,效果如图10-84所示。

图 10-83

图 10-84

步骤 10 新建一个图层,选择 ✐(画笔工具),在"画笔拾色器"中选择一个画笔笔触,如图10-85所示。

步骤 11 使用 ✐(画笔工具)在图像中绘制白色画笔,至此本例制作完成,最终效果如图10-86所示。

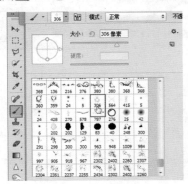
图 10-85

图 10-86

实例 99　人物发丝抠图

实例思路 -

　　要想为模特照片更换一个背景,如果使用 ⬡(多边形套索工具)或 ✐(钢笔工具)进行抠图,人物头发区域会出现背景抠不干净的效果,本例选区创建完成后结合"调整边缘"命令,修整发丝处的选取区域,对比效果如图10-87所示。

图 10-87

实例要点

- ▶ 打开文档
- ▶ 使用快速选择工具创建选区
- ▶ 调整边缘
- ▶ 移动选区内容

操作步骤

步骤 01 执行菜单栏中的"文件|打开"命令或按Ctrl+O组合键,打开随书附带的"素材\第10章\丝巾.jpg"素材,使用 (快速选择工具)在人物上拖动创建一个选区,如图10-88所示。

图 10-88

步骤 02 执行菜单栏中的"选择 | 调整边缘"命令,打开"调整边缘"对话框,选择 (调整半径工具),在人物发丝边缘处向外拖动鼠标,如图10-89所示。

步骤 03 在发丝处按住鼠标细心涂抹,此时会发现发丝边缘已经出现在视图中,如图10-90所示。

图 10-89

图 10-90

步骤 04 涂抹后发现边缘处有多余的部分,按住 Alt 键在多余处拖动,就会将其复原,如图10-91所示。

步骤 05 设置完成单击"确定"按钮,调出编辑后的选区,如图10-92所示。

步骤 06 执行菜单栏中的"文件|打开"命令或按Ctrl+O组合键,打开随书附带的"素材\第10章\背景6.jpg"素材,如图10-93所示。

步骤 07 使用 (移动工具)将选区内的图像拖动到"背景6"文档中,至此本例制作完成,最终效果如图 10-94 所示。

按住 Alt 键
拖动鼠标

图 10-91

图 10-92

图 10-93

图 10-94

本章习题与练习

练习

打开两张照片，将其中的一张照片中的人物放置到另一张照片中。

习题

1. 在 Photoshop 中，"画笔工具"编辑蒙版时，（　　）是黑色时涂抹会隐藏画笔经过区域。

2. 在 Photoshop 中，"橡皮擦工具"编辑蒙版时，（　　）是黑色时涂抹会隐藏画笔经过区域。

3. 英文状态时，缩放画笔直径的快捷键为按 [键可以快速（　　）直径，按] 键可以快速（　　）画笔直径。

4. 在 Photoshop 中能抠出半透明图像的是（　　）。

　　A. 通道　　　　　　B. 滤镜　　　　　　　　C. 路径　　　　　　　　D. 选区

5. 在 Photoshop 中创建选区后，可以通过（　　）命令来处理毛发区域。

　　A. 调整边缘　　　　B. 边界　　　　　　　　C. 扩展　　　　　　　　D. 收缩

第 11 章

照片的艺术化处理

要想拍摄好的照片更加具有艺术效果并不是一件难事，使用图像处理大师 Photoshop 软件就能轻松实现。本章就为大家讲解将人像变为素描、朦胧感觉、多彩焗油、合成照片等效果的方法。

本章内容

▶▶ 将照片制作成手绘素描效果　　▶▶ 影楼拍摄效果

▶▶ 非主流效果　　▶▶ 合成全景照片

▶▶ 朦胧艺术效果　　▶▶ 简单照片合成

▶▶ 为围巾添加花纹图案　　▶▶ 照片飞散效果

▶▶ 多彩焗油

实例 100 将照片制作成手绘素描效果

实例思路 ---

　　单纯欣赏照片难免感觉有些单调，如果将照片转变为手绘素描效果，看起来将会非常的有新意，本例将通过 Photoshop 软件来讲解把照片转换成手绘素描效果的方法，具体操作流程如图 11-1 所示。

图 11-1

实例要点 ---

▶ 打开文件　　　　　　　　　　▶ "最小值" 滤镜

▶ 复制图层　　　　　　　　　　▶ 混合模式为 "颜色减淡"

▶ 去色　　　　　　　　　　　　▶ 合并图层

▶ 反相

操作步骤 ---

步骤 01 执行菜单栏中的 "文件|打开" 命令或按 Ctrl+O 组合键，打开随书附带的 "素材\第 11 章\美女 01.jpg" 素材，如图 11-2 所示。

步骤 02 按 Ctrl+J 组合键复制 "背景" 图层得到 "图层 1" 图层，如图 11-3 所示。

图 11-2

图 11-3

步骤 03 执行菜单栏中的"图像|调整|去色"命令或按 Shift+Ctrl+U 组合键,将图像变为灰度效果,如图 11-4 所示。

步骤 04 再按 Ctrl+J 组合键复制"图层 1"图层得到"图层 1 拷贝"图层,执行菜单栏中的"图像|调整|反相"命令或按 Ctrl+I 组合键,将图像转换成负片,效果如图 11-5 所示。

图 11-4

图 11-5

步骤 05 设置"混合模式"为"颜色减淡",此时发现混合后的图像变为仅有几处黑色像素的白纸,如图 11-6 所示。

> 技巧:此处的混合模式也可以设置成"线性减淡",混合后的效果同样会出现仅有几处黑色像素的白纸。

图 11-6

步骤 06 执行菜单栏中的"滤镜|其它|最小值"命令,打开"最小值"对话框,设置"半径"为 1 像素、"保留"为"圆度",如图 11-7 所示。

步骤 07 设置完成单击"确定"按钮,按 Ctrl+E 组合键向下合并图层,将"图层 1"图层与"图层 1 拷贝"图层合并为"图层 1"图层,效果如图 11-8 所示。

图 11-7

图 11-8

步骤 08 单击 ▣(添加图层蒙版)按钮,为"图层 1"图层添加空白蒙版,使用 ▣(渐变工具)设置"渐变样式"为"径向渐变",将"渐变类型"为"黑、白渐变",在人物的头像处向边缘拖动创建渐变蒙版,效果如图 11-9 所示。

步骤 09 至此本例制作完成，最终效果如图 11-10 所示。

图 11-9

图 11-10

技巧：本例中使用"最小值"命令对图像产生素描效果，也可以使用"高斯模糊"命令产生相同的效果，如图 11-11 所示。

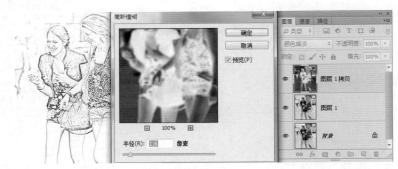

图 11-11

实例 101　非主流效果

（实例思路）--

　　现在的年轻人对于非主流的图像超乎寻常的喜欢，本例将使用 Photoshop 软件来讲解一种制作方法，具体操作流程如图 11-12 所示。

图 11-12

（实例要点）--

▶ 打开文档　　　　　　　　　　▶ 网状滤镜

▶ 智能滤镜　　　　　　　　　　▶ 设置混合模式

▶ 便条纸滤镜　　　　　　　　　▶ 径向模糊滤镜

▶ 颗粒滤镜　　　　　　　　　　▶ "投影"图层样式

▶ 智能滤镜蒙版

（操作步骤）--

步骤01 执行菜单栏中的"文件 | 打开"命令或按
Ctrl+O 组合键，打开随书附带的"素材 \ 第 11 章 \ 美
女 02.jpg"素材，如图 11-13 所示。

步骤02 按 Ctrl+J 组合键复制"背景"图层得到"图层 1"
图层，执行菜单栏中的"滤镜 | 转换为智能滤镜"命令，
弹出系统对话框，单击"确定"按钮，将图层转换
为智能对象，如图 11-14 所示。

图 11-13

图 11-14

步骤03 将"前景色"设置为橙色，
执行菜单栏中的"滤镜 | 素描 | 便
条纸"命令，打开"便条纸"对话框，
设置"图像平衡"为 21、"粒度"
为 11、"凸现"为 10，如图 11-15
所示。

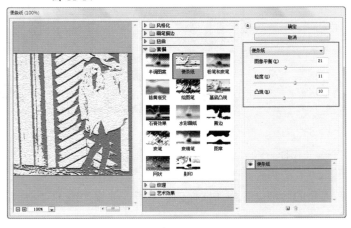

图 11-15

步骤04 设置完成单击"确定"按钮，效果如图11-16所示。

步骤05 执行菜单栏中的"滤镜 | 纹理 | 颗粒"命令，打开"颗粒"对话框，设置"颗粒类型"为"垂直"，设置"强度"为36、"对比度"为45，如图11-17所示。

步骤06 设置完成单击"确定"按钮，设置"混合模式"为"浅色"，效果如图11-18所示。

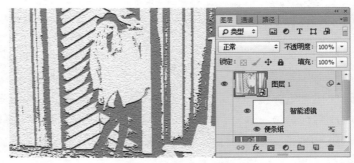

图 11-16

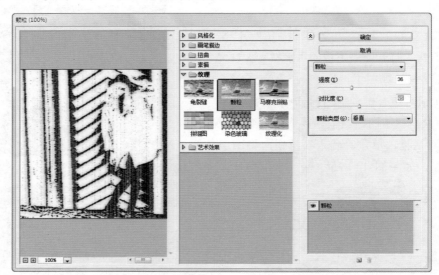

图 11-17

图 11-18

步骤07 选择智能滤镜蒙版，将"前景色"设置为黑色，将"背景色"设置为白色，选择□（矩形工具），将"渐变样式"设置为"径向渐变"，将"渐变类型"设置为从前景色到背景色，在人物的脸部向外拖动鼠标创建蒙版，效果如图11-19所示。

图 11-19

步骤08 复制"背景"图层得到"背景 拷贝"图层,将"背景 拷贝"图层移动到最上层,执行菜单栏中的"滤镜|模糊|径向模糊"命令,打开"径向模糊"对话框,设置"品质"为"好",设置"模糊方法"为"旋转",设置"数量"为46,如图 11-20 所示。

步骤09 设置完成单击"确定"按钮,设置"混合模式"为"柔光",效果如图 11-21 所示。

图 11-20

图 11-21

步骤10 执行菜单栏中的"文件|打开"命令或按 Ctrl+O 组合键,打开随书附带的"素材\第11 章\文字 .png"素材,使用 ⊞(移动工具)将"文字"素材中的图像拖曳到"美女 02"文档中,如图 11-22 所示。

步骤11 执行菜单栏中的"滤镜|转换为智能滤镜"命令,将图层转换成智能对象,再执行菜单栏中的"滤镜|素描|网状"命令,打开"网状"对话框,参数设置如图 11-23 所示。

图 11-22

步骤12 设置完成单击"确定"按钮,设置"混合模式"为"亮光",效果如图 11-24 所示。

步骤13 再执行菜单栏中的"图层|图层样式|投影"命令,打开"图层样式"对话框,在"投影"面板中的参数设置如图 11-25 所示。

步骤14 设置完成单击"确定"按钮,至此本例制作完成,最终效果如图 11-26 所示。

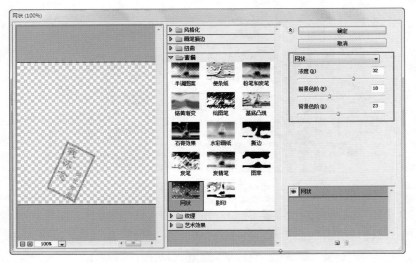

图 11-23

图 11-24

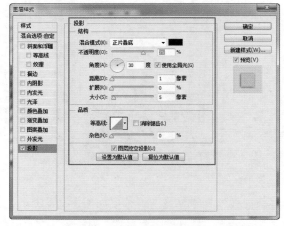

图 11-25

图 11-26

实例 102　朦胧艺术效果

实例思路

本例使用 Photoshop 软件将照片制作成朦胧艺术的效果，具体操作流程如图 11-27 所示。

图 11-27

实例要点

▶ 打开文档

▶ 复制图层并应用高斯模糊

▶ 添加图层蒙版

▶ 设置混合模式

▶ 画笔工具编辑蒙版

▶ 编辑蒙版浓度

▶ 新建渐变填充图层

操作步骤

步骤01　执行菜单栏中的"文件|打开"命令或按 Ctrl+O 组合键，打开随书附带的"素材\第 11 章\美女 03.jpg"素材，如图 11-28 所示。

步骤02　按 Ctrl+J 组合键复制"背景"图层得到"图层 1"图层，执行菜单栏中的"滤镜|模糊|高斯模糊"命令，打开"高斯模糊"对话框，设置"半径"为 7.2 像素，如图 11-29 所示。

图 11-28　　　　　　　　　　　　　　　　图 11-29

步骤 03 设置完成单击"确定"按钮，设置"混合模式"为"亮光"，效果如图 11-30 所示。

图 11-30

步骤 04 此时发现天空已经变得发白而失去天空的颜色，下面对天空进行调整。在"图层"面板中单击 ▣（添加图层蒙版）按钮，为图层 1 添加空白蒙版，将"前景色"设置为"黑色"，使用 ✎（画笔工具）在天空中涂抹，效果如图 11-31 所示。

图 11-31

步骤 05 选择 ✎（画笔工具），设置不同直径大小的笔触，然后在天空中进行涂抹，涂抹过程如图 11-32 所示。

图 11-32

步骤 06 在蒙版缩览图上双击鼠标，打开"蒙版"属性面板，设置"浓度"为 62%，如图 11-33 所示。

步骤 07 此时的效果如图 11-34 所示。

步骤 08 复制"背景"图层得到"背景 拷贝"图层，并将其放置到最顶层，设置"混合模式"为"饱和度"，设置"不透明度"为 68%，效果如图 11-35 所示。

图 11-33　　　　　　　　　　　　图 11-34

图 11-35

步骤09 在"图层"面板中单击 ⊘（创建新的填充或调整图层）按钮，在弹出的菜单中选择"渐变"命令，打开"渐变填充"对话框，其中的参数设置如图 11-36 所示。

步骤10 设置"混合模式"为"柔光"，设置"不透明度"为 17%，如图 11-37 所示。

图 11-36

图 11-37

步骤11 至此本例制作完成，最终效果如图 11-38 所示。

图 11-38

实例103　为围巾添加花纹图案

(实例思路) --

　　本例使用 Photoshop 软件为照片中人物佩戴的围巾添加花纹图案，具体操作流程如图 11-39 所示。

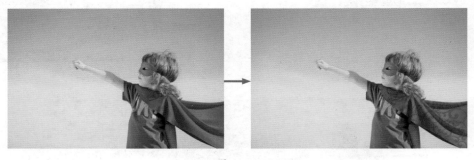

图 11-39

(实例要点) --

▶ "打开"命令的使用　　　　　　　　　　▶ 创建剪贴蒙版
▶ 快速选择工具创建选区　　　　　　　　▶ 设置混合模式
▶ 复制图层

(操作步骤) --

步骤01 执行菜单栏中的"文件|打开"命令或按 Ctrl+O 组合键，打开随书附带的"素材\第11章\儿童 .jpg"素材，如图 11-40 所示。

步骤02 使用 ✎（快速选择工具）在围巾上拖动为其创建选区，如图 11-41 所示。

图 11-40　　　　　　　　　　　　　　图 11-41

步骤03 按 Ctrl+J 组合键复制选区内的图像，得到一个"图层 1"图层，如图 11-42 所示。

步骤04 执行菜单栏中的"文件|打开"命令或按 Ctrl+O 组合键，打开随书附带的"素材\第11章\花纹 .jpg"素材，如图 11-43 所示。

图 11-42　　　　　　　　　　　图 11-43

步骤 05 使用 ▶+（移动工具）将"花纹"素材图像拖曳到"儿童"文档中，效果如图 11-44 所示。

图 11-44

步骤 06 执行菜单栏中的"图层|创建剪贴蒙版"命令，为图层创建一个剪贴蒙版，效果如图 11-45 所示。

图 11-45

步骤 07 设置"混合模式"为"正片叠底"，如图 11-46 所示。

步骤 08 至此本例制作完成，最终效果如图 11-47 所示。

图 11-46　　　　　　　　　　　图 11-47

实例 104　多彩焗油

实例思路

经常对头发进行漂染会对发丝造成很大伤害，但有的女孩还是非常喜欢彩色头发的效果，本例使用 Photoshop 软件轻松在照片中调整多彩焗油的效果，这样既能达到美丽的效果又能不伤头发，操作流程如图 11-48 所示。

图 11-48

实例要点

▶ 打开文档　　　　　　▶ 新建图层

▶ 使用画笔工具　　　　▶ 添加图层蒙版

▶ 设置"混合模式"

操作步骤

步骤01 执行菜单栏中的"文件 | 打开"命令或按 Ctrl+O 组合键，打开随书附带的"素材 \ 第 11 章 \ 美女 04.jpg"素材，如图 11-49 所示。

步骤02 单击 （创建新图层）按钮新建一个"图层 1"图层，选择 （画笔工具），设置相应的画笔"主直径"和"硬度"，在页面中人物的头发上绘制红色、蓝色、粉色和绿色画笔图案，如图 11-50 所示。

步骤03 在"图层"面板中设置"图层 1"图层的"混合模式"为"柔光"，设置"不透明度"为 51%，效果如图 11-51 所示。

图 11-49

图 11-50

图 11-51

步骤 04 新建"图层 2"图层，将"前景色"设置为红色，使用 在人物的眼睛上绘制画笔，如图 11-52 所示。

步骤 05 在"图层"面板中设置"图层 2"图层的"混合模式"为"柔光"，设置"不透明度"为 36%，效果如图 11-53 所示。

图 11-52

图 11-53

步骤 06 单击 按钮，"图层 2"图层会被添加一个空白蒙版，使用 在人物的眼球上涂抹黑色，使眼球显示原有的颜色，如图 11-54 所示。

步骤 07 至此本例制作完成，最终效果如图 11-55 所示。

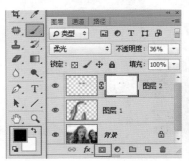

图 11-54

图 11-55

 实例 105　影楼拍摄效果

(实例思路) --

　　本例使用 Photoshop 软件将照片制作成影楼的拍照效果，从而使其更加艺术化，对比效果如图 11-56 所示。

图 11-56

(实例要点) --

▶ 打开文档　　　　　　　　　　　▶ 照片滤镜调整

▶ 渐变映射调整　　　　　　　　　▶ 黑白调整

▶ 设置混合模式

(操作步骤) --

步骤 01 执行菜单栏中的"文件|打开"命令或按Ctrl+O组合键，打开随书附带的"素材\第11章\儿童 2.jpg"素材，如图 11-57 所示。

步骤 02 单击 ◙ （创建新的填充或调整图层）按钮，在弹出的菜单中选择"渐变映射"命令，如图 11-58 所示。

图 11-57

图 11-58

步骤03 系统会打开"渐变映射"属性面板，单击"渐变条"，打开"渐变编辑器"对话框，设置从左到右的颜色为蓝色到白色，如图 11-59 所示。

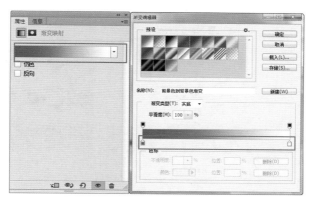

图 11-59

步骤04 设置完成单击"确定"按钮，设置"混合模式"为"正片叠底"，设置"不透明度"为 86%，如图 11-60 所示。

步骤05 单击 ◎（创建新的填充或调整图层）按钮，在弹出的菜单中选择"照片滤镜"命令，系统会打开"照片滤镜"属性面板，设置"滤镜"为"水下"，设置"浓度"为 81%，勾选"保留明度"复选框，如图 11-61 所示。

图 11-60

图 11-61

步骤06 调整完成后设置"混合模式"为"叠加"，设置"不透明度"为39%，效果如图11-62所示。

步骤07 单击 ◢（创建新的填充或调整图层）按钮，在弹出的菜单中选择"黑白"命令，系统会打开"黑白"属性面板，单击"自动"按钮，如图11-63所示。

图 11-62

步骤08 调整完成后设置"混合模式"为"叠加"，设置"不透明度"为53%，如图11-64所示。

步骤09 至此本例制作完成，最终效果如图11-65所示。

图 11-63

图 11-64

图 11-65

实例 106　合成全景照片

实例思路

本例为大家讲解将多个大致为同一区域的照片合成为全景照片的方法，效果如图11-66所示。

图 11-66

实例要点 --

▶ 打开素材移到同一文档中　　　　　　▶ 应用"USM 锐化"滤镜

▶ 全选图层应用"自动对齐图层"命令　　▶ 创建"色相/饱和度"调整图层

▶ 转换颜色模式

操作步骤 --

步骤01 执行菜单栏中的"文件 | 打开"命令或按 Ctrl+O 组合键，打开随书附带的"素材 \ 第 11 章 \1.jpg、2.jpg、3.jpg 和 4.jpg"素材，如图 11-67 所示。

图 11-67

步骤02 选择其中的一个素材，使用 ▶╬（移动工具）将另外的三张图片拖动到选择文档中，如图 11-68 所示。

步骤03 按住 Ctrl 键在每个图层上单击，将所有图层一同选取，如图 11-69 所示。

图 11-68　　　　　　　　　　　　　图 11-69

步骤04 执行菜单栏中的"编辑 | 自动对齐图层"命令，打开"自动对齐图层"对话框，其中的参数设置如图 11-70 所示。

步骤05 设置完成单击"确定"按钮，此时会将四个图层的图像拼合成一个整体图像，如图 11-71 所示。

步骤06 使用 ┗┛（裁剪工具）在图像中创建裁剪框，按 Enter 键完成裁剪，效果如图 11-72 所示。

步骤07 执行菜单栏中的"图像 | 模式 | Lab 颜色"命令，系统会弹出如图 11-73 所示的警告对话框。

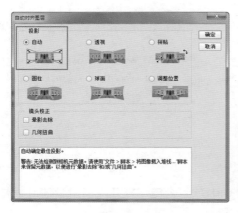

图 11-70

图 11-71

图 11-72

图 11-73

步骤 08 单击"拼合"按钮，将 RGB 颜色转换为 Lab 颜色，在"通道"面板中选择"明度"通道，如图 11-74 所示。

图 11-74

> **技巧**：在"Lab 颜色"模式中的"明度"通道中编辑图像，会最大限度的保留原有图像的像素。

步骤09 执行菜单栏中的"滤镜 | 锐化 | USM 锐化"命令，打开"USM 锐化"对话框，其中的参数设置如图 11-75 所示。

步骤10 设置完成单击"确定"按钮，效果如图 11-76 所示。

图 11-75 图 11-76

步骤11 执行菜单栏中的"图像 | 模式 | RGB 颜色"命令，将 Lab 颜色转换为 RGB 颜色，效果如图 11-77 所示。

图 11-77

步骤12 单击 ◉（创建新的填充和调整图层）按钮，在弹出的菜单中选择"色相 / 饱和度"命令，在打开的属性面板中设置"色相 / 饱和度"的参数，如图 11-78 所示。

步骤13 至此本例制作完成，最终效果如图 11-79 所示。

图 11-78 图 11-79

实例107　简单照片合成

实例思路 ---

本例使用Photoshop软件将多张照片进行合成，使其成为一张新的照片，对比效果如图11-80所示。

图 11-80

实例要点 ---

- ▶▶ 打开文档
- ▶▶ 魔棒工具创建选区
- ▶▶ 多边形套索工具编辑选区
- ▶▶ 添加图层蒙版

- ▶▶ 使用画笔工具编辑蒙版
- ▶▶ 高斯模糊滤镜
- ▶▶ 色阶调整

操作步骤 ---

步骤01 执行菜单栏中的"文件|打开"命令或按Ctrl+O组合键，打开随书附带的"素材\第11章\笔记本电脑.jpg和风景.jpg"素材，如图11-81所示。

图 11-81

步骤 02 使用 （移动工具）将"风景"素材中的图像拖动到"笔记本电脑"文档中，按 Ctrl+T 组合键调出变换框，按住 Ctrl 键的同时拖动控制点，将图像进行变换处理，效果如图 11-82 所示。

图 11-82

步骤 03 调整完成后按 Enter 键完成变换，隐藏"图层 1"图层，使用 （多边形套索工具）在屏幕上创建选区，如图 11-83 所示。

图 11-83

步骤 04 选择"图层 1"图层并将其显示，单击 （添加图层蒙版）按钮，为"图层 1"图层添加图层蒙版，效果如图 11-84 所示。

步骤 05 执行菜单栏中的"文件|打开"命令或按 Ctrl+O 组合键，打开随书附带的"素材\第 11 章\长颈鹿 .jpg"素材，使用 （魔棒工具）在白色背景上单击并创建选区，如图 11-85 所示。

图 11-84

图 11-85

步骤 06 按 Ctrl+Shift+I 组合键将选区反选，选择 （多边形套索工具），在属性栏中单击 （添加到选区）按钮，之后再将没有选中的区域添加到选区中，效果如图 11-86 所示。

图 11-86

步骤 07 使用 ▸+（移动工具）将选区内的图像拖动到"笔记本电脑"文档中，再调整图像的大小，如图 11-87 所示。

步骤 08 单击 ▣（添加图层蒙版）按钮，为图层 2 添加图层蒙版，使用 ✍（画笔工具）在长颈鹿最后一条腿上涂抹，将其与电脑显示屏框相交的区域隐藏，效果如图 11-88 所示。

图 11-87

图 11-88

步骤 09 按住 Ctrl 键的同时单击"图层 2"图层的缩览图，调出长颈鹿的选区，再在"图层 2"图层的下方新建一个"图层 3"图层，如图 11-89 所示。

图 11-89

步骤 10 选择"图层 3"图层并将选区填充为黑色，如图 11-90 所示。

步骤 11 按 Ctrl+D 组合键去掉选区，执行菜单栏中的"滤镜 | 模糊 | 高斯模糊"命令，打开"高斯模糊"对话框，其中的参数设置如图 11-91 所示。

| 图 11-90 | 图 11-91 |

步骤 ⑫ 设置完成单击"确定"按钮，效果如图 11-92 所示。

步骤 ⑬ 单击 🔲 （添加图层蒙版）按钮，为"图层 3"图层添加图层蒙版，使用 🖌 （画笔工具）在长颈鹿身上除了脚以外的区域进行涂抹，效果如图 11-93 所示。

| 图 11-92 | 图 11-93 |

步骤 ⑭ 单击 ⬤ （创建新的填充或调整图层）按钮，在弹出的菜单中选择"色阶"命令，打开"色阶"属性面板，单击"自动"按钮，至此本例制作完成，最终效果如图 11-94 所示。

图 11-94

实例 108　照片飞散效果

实例思路

本例使用 Photoshop 软件来讲解为照片添加飞散碎片效果的制作方法，对比效果如图 11-95 所示。

图 11-95

实例要点

▶ 打开文档　　　　　　　　　　　　　▶ 添加图层蒙版

▶ 复制图层　　　　　　　　　　　　　▶ 设置画笔

▶ 矩形选框工具创建选区　　　　　　　▶ 使用画笔编辑蒙版

▶ 变换选区内容

操作步骤

步骤01 执行菜单栏中的"文件|打开"命令或按 Ctrl+O 组合键，打开随书附带的"素材\第11章\美女 05.jpg"素材，如图 11-96 所示。

步骤02 复制"背景"图层，得到"背景 拷贝"图层，使用 （矩形选框工具）在人物区域创建一个矩形选区，如图 11-97 所示。

图 11-96

图 11-97

步骤 03 按 Ctrl+T 组合键调出变换框，拖动控制点使得选区内的图像拉宽，效果如图 11-98 所示。

步骤 04 按 Enter 键完成变换，按住 Alt 键单击 📷（添加图层蒙版）按钮，为"背景 拷贝"图层添加图层蒙版，效果如图 11-99 所示。

图 11-98   图 11-99

步骤 05 按 F5 键，打开"画笔"面板，其中的各项参数设置如图 11-100 所示。

选择一款
花瓣笔触

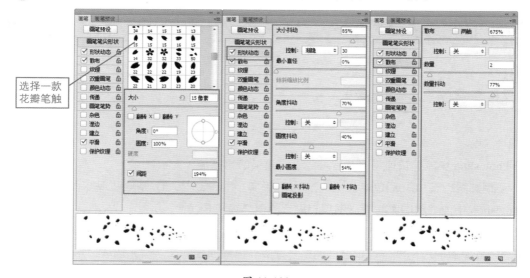

图 11-100

步骤 06 将"前景色"设置为白色，在图层蒙版中涂抹画笔，效果如图 11-101 所示。

图 11-101

步骤07 在"背景拷贝"图层的下方新建一个"图层 1"图层，使用 ✐（画笔工具）分别绘制白色画笔和黑色画笔，效果如图 11-102 所示。

步骤08 至此本例制作完成，最终效果如图 11-103 所示。

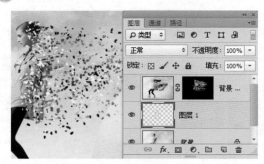

图 11-102

图 11-103

本章习题与练习

练习

打开文档后，将其制作成素描效果。

习题

1. 在 Photoshop 中能够快速将照片处理成素描效果的滤镜是（　　　）。

    A. 半调图案　　　　B. 彩色半调　　　　　C. 影印　　　　　　　D. 基底凸现

2. Photoshop 中能够将图案与下一图层相融合的混合模式是（　　　）。

    A. 正片叠底　　　　B. 色相　　　　　　　C. 溶解　　　　　　　D. 滤色

3. 要想降低蒙版的透明度，可以通过调整"蒙版"属性面板的（　　　）选项。

    A. 浓度　　　　　　B. 羽化　　　　　　　C. 颜色范围　　　　　D. 蒙版边缘

习题答案

第1章

1. B　　2. C　　3. A　　4. D　　5. A

第2章

1. 输入数值　　2. 阴影/高光　　3. B　　4. D

第3章

1. 信息　　2. 取消　　3. A　　4. C

第4章

1. B　　2. D　　3. A　　4. A

第5章

1. A　　2. D　　3. A

第6章

1. C　　2. B　　3. D　　4. A

第7章

1. D　　2. A　　3. 蒙版　　4. 所有图层

第8章

1. C　　2. A　　3. A

第9章

1. A　　2. C　　3. 缩进边依据

第10章

1. 前景色　　2. 背景色　　3. 缩小　放大　　4. A　　5. A

第11章

1. C　　2. A　　3. A